中国铁路总公司重点科研计划项目"高铁主要素质提升培训体系研究"（2016Z003-D）

高速铁路职工
心理素质训练与提升

北京交通大学轨道交通行车关键岗位人员职业适应性研究中心　组编

北京交通大学出版社

·北京·

图书在版编目（CIP）数据

高速铁路职工心理素质训练与提升 / 北京交通大学轨道交通行车关键岗位人员职业适应性研究中心组编. —北京：北京交通大学出版社，2018.4（2018.10 重印）

ISBN 978-7-5121-3535-2

Ⅰ. ① 高… Ⅱ. ① 北… Ⅲ. ① 高速铁路–铁路员工–心理素质–素质教育 Ⅳ. ① B848

中国版本图书馆 CIP 数据核字（2018）第 068536 号

高速铁路职工心理素质训练与提升
GAOSU TIELU ZHIGONG XINLI SUZHI XUNLIAN YU TISHENG

责任编辑：吴嫦娥
出版发行：北京交通大学出版社　电话：010-51686414　http://www.bjtup.com.cn
地　　址：北京市海淀区高梁桥斜街 44 号　邮编：100044
印 刷 者：艺堂印刷（天津）有限公司
经　　销：全国新华书店
开　　本：148 mm×210 mm　印张：6　字数：173 千字
版　　次：2018 年 4 月第 1 版　2018 年 10 月第 2 次印刷
书　　号：ISBN 978-7-5121-3535-2/B · 21
定　　价：25.00 元

本书如有质量问题，请向北京交通大学出版社质监组反映。对您的意见和批评，我们表示欢迎和感谢。
投诉电话：010-51686043，51686008；传真：010-62225406；E-mail：press@bjtu.edu.cn。

《高速铁路职工心理素质训练与提升》

编 委 会

编　写　说　明

　　心理素质是人整体素质的组成部分，它是在遗传的基础上，在教育与环境影响下，经过主体实践训练所形成的性格品质与心理能力的综合体现，对内制约主体的心理健康状况，对外与其他素质共同影响主体的行为表现。

　　国务院于 2016 年 7 月批准了新调整的《中长期铁路网规划》，进一步描绘了中国高速铁路发展的美好蓝图。根据规划，到 2020 年中国高速铁路规模将达到 3 万 km。截至 2017 年年底，我国高铁运营总里程已经超过了 2.5 万 km。高速铁路的快速发展，推动着我国社会、经济、政治、文化和民生的快速发展。但与此同时，也给高铁主要行车工种岗位人员带来了较大的心理压力。这种压力的产生可能进一步影响我国高铁的安全运营。良好的心理素质是应对这种压力的有效手段，因此对高铁主要行车工种岗位人员进行心理素质提升培训至关重要。

　　在此背景下，中国铁路总公司专门设立了"高铁主要行车工种岗位人员心理素质提升培训体系研究"课题，结合高速铁路主要行车工种岗位人员工作特点和心理素质需求，研究设计科学、可操作性强的高铁主要行车工种岗位人员心理素质提升培训体系，以达到全面提高高铁职工心理素质、保障安全运行的目标。本书正是基于课题研究成果编制而成，详细介绍了用于高铁主要行车工种岗位人员心理素质提升培训的内容和方法，以便对实际的心理素质培训工作进行指导。

一、使用对象
本书适用于高铁主要行车工种岗位人员。

高铁主要行车工种包括：高速铁路通信综合维修工、通信网管、车载通信设备维修工、动车组司机、地勤司机、随车机械师、地勤机械师、现场信号设备维修工、控制中心信号设备维修工、列控车载信号设备维修工、接触网作业车司机、接触网维修工、电力线路维修工、变配电设备检修工、轨道车司机、线路工、桥隧工等 17 个工种。

二、结构内容

本书以心理素质理论为基础，从高铁主要行车工种岗位人员的压力源出发，在介绍价值观、态度、动机等人的行为基础和角色认知的基础上，对高铁主要行车工种岗位人员的心理素质要求进行深入剖析，提出高铁主要行车工作岗位人员的心理素质模型，并对心理素质模型的五个维度——情绪复原力、心理适应能力、认知能力、工作价值观、安全意识进行详细介绍。在此基础上，提出高铁主要行车工种岗位人员心理素质五个维度提升培训的内容和方法。本书共包括七章，按照由理论到实践的顺序编写，便于受训者在了解理论的基础上掌握心理素质的提升方法。

第一章　心理素质基础理论概述

本章重点讲述压力与健康、人的行为基础、角色认知、心理素质等四节，详细介绍压力与健康的内涵及其二者之间的关系，系统梳理影响个体行为的原因和角色认知，科学构建高铁主要行车工种岗位人员的心理素质模型，便于受训者全面、系统地了解影响个体行为的因素及心理素质的构成。

第二章　高铁主要行车工种岗位人员心理素质内涵

本章包括情绪复原力、心理适应能力、认知能力、工作价值观、安全意识等五节，每节详细介绍每个维度的内涵、作用及对高速铁路主要行车工种岗位人员的要求，便于受训者深入了解每个维度，充分认识到每个维度的重要性及具体要求。

第三章　高铁主要行车工种岗位人员情绪复原力提升方式

本章从个体和团体两个层面提出高铁主要行车工种岗位人员情绪复原力提升方式。个体层面提升方式包括个体调节法、音乐放松法、运动减压法、宣泄减压法、道具减压法、体感运动减压法；团体层面提升方式包括三人四足、不倒森林、指压板跳大绳等。

第四章　高铁主要行车工种岗位人员心理适应能力提升方式

本章从个体和团体两个层面提出高铁主要行车工种岗位人员心理适应能力提升方式。个体层面提升方式包括提升认知水平、保持积极阳光心态、增进人际交往能力、掌握沟通技巧；团体层面提升方式包括心理适应能力团体训练和心理适应能力实作训练。

第五章　高铁主要行车工种岗位人员认知能力提升方式

本章从个体和团体两个层面提出高铁主要行车工种岗位人员认知能力提升方式。个体层面提升方式包括：认知能力综合训练、动作稳定训练、学习能力训练、注意力分配训练、注意力集中训练等专业认知能力提升训练；凝视训练、方格训练、单脚站立训练、一心二用训练、自我中心训练等认知自我提升训练；适量运动、充分休息、益智训练、健康饮食等认知自我调节训练。组织层面提升方式包括无领导小组讨论、驿站传书、链接加速等认知能力团体训练和认知能力实作训练。

第六章　高铁主要行车工种岗位人员工作价值观培训

本章从个体和组织两个层面提出高速铁路主要行车工种岗位人员工作价值观培训。个体层面培训包括：学习工作价值观基本知识；积极乐观，学习先进，端正职业态度；积极参加社会实践，坚持知行合一；明确职业责任，开展批评与自我批评；严格遵守职业纪律，提升思想境界，做好慎独；时刻保持职业荣誉，从自身做起，从现在做起。组织层面培训包括：始终把"人民铁路为人民"的宗旨贯穿于铁路各项工作的始终；组织开展好提升工作价值观的各项实践活动；坚持"文化强铁"，以培育铁路企业文化为目标，不断提升工作价值观；把"人民群众满意"作为检验铁路工作的根本标准；积极培育和提倡践行新时期铁路精神；建立健全完善的奖励政策；开展集体学习、团建活动，推进集体工作价值观的提升。

第七章　高铁主要行车工种岗位人员安全意识培训

本章从个体和组织两个层面提出高速铁路主要行车工种岗位人员安全意识培训。个体层面培训包括：树立安全第一、预防为主的观念；认真学习知识，增强安全意识；积极实践，养成习惯；一丝不苟，认真履行职责；关注路外安全，主动参与平安铁路建设；保持持之以恒、一以贯之的习惯。组织层面培训包括：构建监控体系；杜绝危害思想，正面激励示范；建设安全文化；开展演练活动；组织教育培训；检查要细，整改要实，追责要严；从严抓好制度落实，安全检查常态化。

三、编写人员

本书主要编写人员：叶龙、郭小青、吴思强、郭树东、韩钧、任海云、曾庆龄、郭名、孙大强、高翠香、沈梅、胡晓东、刘淑桢、胡丽丽、张启超、刘锐剑、刘云硕、褚福磊、孙佳思、杨征、单湘媛、朱心田。在编写过程中得到了中国铁路总公司、中国铁路上海局集团有限公司、武汉高速铁路职业技能训练段等单位的大力支持，在此表示衷心感谢！同时，为便于高铁职工学习、理解和掌握，本书收集使用了一些现有的案例、图表等，在此一并向作者表示感谢！

由于水平所限，书中难免存在不足之处，敬请专家、学者和广大读者批评指正。

编委会

2018 年 3 月

目　　录

第一章　心理素质基础理论概述

随着新时代铁路改革发展新局面的到来,中国高铁的发展迎来了新的机遇,但同时也为高铁主要行车工种岗位人员带来了更大的压力与挑战。良好的心理素质有助于人们更好地应对压力,因而在进行心理素质培训时有必要对压力进行全面认识。压力是个体主观作用的产物,弄清楚影响人行为的主要因素和人的认知体系是了解压力、认识压力的关键。因此,本章将从高铁主要行车工种岗位人员面临的压力源出发,在介绍价值观、态度、动机等人的行为基础和角色认知的基础上帮助高铁职工进一步理解压力产生的内在心理机制,最后提出高铁职工应对压力的心理素质要求,即高铁主要行车工种岗位人员的心理素质模型,为心理素质的提升培训奠定基础。

第一节　压力与健康

一、压力

(一)压力及其特征

压力是人与环境相互作用的产物,是个体察觉到"需求—能力"不平衡而引起的身心紧张状态。人会受到各种各样来自内外部环境的刺激,当人对这些刺激做出判断,认为它超过了自身的应对能力及应对资源时,就会产生压力。当压力发生在工作场所时,就称为工作压力。

压力主要包含以下四个方面的特征。

第一,压力是环境要求个体做选择或改变时,个体所产生的个人感受。例如,假如你是一名动车组司机,在行车过程中发现调度给出的信息和当前所看到的信号灯状态不一致,在这种紧急情况下必须做出正确判断,否则就会造成严重的后果,此时个体自身产生的感受就是压力。动车组司机对信号灯的压力反应如图 1-1 所示。

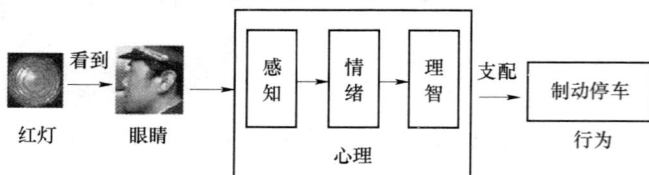

图 1-1　动车组司机对信号灯的压力反应

第二,压力是个人的一种主观反应,是对未知事件进行悲观解释的结果。从这个意义上讲,压力是一种心态,它是人体内部出现的一种情感性的、防御性的反应过程。例如,在预先没有告知的情况下领导突然对某职工说"中午到我办公室来,谈谈你的工作",如果这个职工对领导找他谈话这件事情进行了消极的判断,就会产生压力。这一过程如图 1-2 所示。

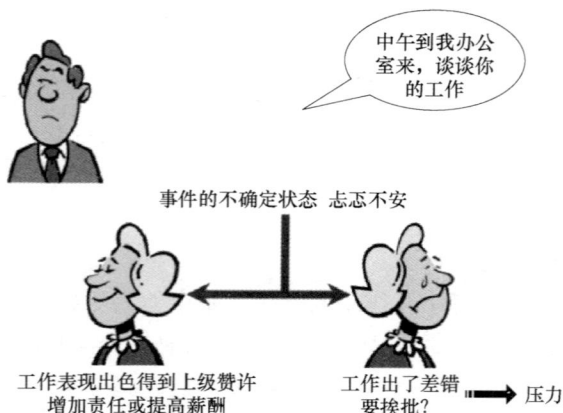

图 1-2　压力是一种主观反应

第三,压力是持续不断的精力消耗,是一种心理衰竭。压力是个体在伤害侵入自己时产生的一种生理上和行为上的反应,这种反应是每个有压力的人都很容易体会到的。例如,人们在有压力的情况下,往往会感到全身发冷、手心甚至脚心出汗、脸发热、双手颤抖等。如果你已经连续不断地工作了一整天，很想立刻下班回家休息，但是面前还有不少需要立刻完成的工作任务让你不能回家休息，这时就容易让人感到心烦意乱、压力重重。

第四，压力是个体在面临威胁时的本能反应。例如，作为一名高铁职工，当面临不合理的工作要求、领导或外界的负面情绪时，就会产生一定的压力。

（二）高铁主要行车工种岗位人员压力来源

高铁职工的工作压力越来越受到社会和管理部门的重视。通过实地调研和文献整理与分析，总体来看，高铁主要行车工种岗位人员的压力来源主要包括以下几个方面（见图 1-3）。

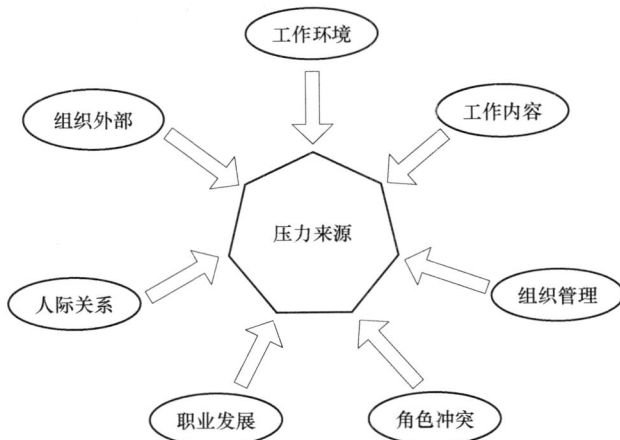

图 1-3　高铁主要行车工种岗位人员的压力来源

1. 工作环境因素

高铁主要行车工种岗位人员所处的工作环境会使他们产生心理上的压力。工作环境主要指物理环境，如行车环境、线路环境、作业环境、人身安全环境等。例如，在高铁主要行车工种中，动车组司机和随车机械师的工作压力较大，这是因为他们的工作环境都在列车上，多数时间是处于列车的运行状态，工作空间及活动范围有限。这种特殊工作环境对他们会产生一定的工作压力。需要上线作业的工种，如线路工、桥隧工等，由于主要是夜班工作，长期的这种工作环境同样会造成工作压力。图1-4为动车组司机执乘时的工作环境。

图1-4　动车组司机执乘时的工作环境

2. 工作内容因素

工作内容所引发的高铁主要行车工种岗位人员心理压力是指：由于工作负荷过重、技能要求高、时间紧迫、工作单调、职位设计及技术问题（业务不熟练）等因素超过个体耐压能力而对高铁职工造成的心理上的负面影响。例如，接触网维修工在集中检修维护期间，需要奋战在岗位一线（见图1-5），长时间、高负荷地重复一些工序，这就容易带来心理上的倦怠。还有一些职工当承担多重职务或工作量过大时，就会因其能力和精力难以为继而产生压力，表现为情绪焦虑不安。反之，职工的工作量不足又容易导致职工自尊心受损、缺乏成就感，产生苦闷和厌倦的情绪甚至滋生惰性。

3. 组织管理因素

铁路安全事关人民群众生命财产安全，确保铁路运输安全，坚决守住高铁和旅客安全生命线，是高铁管理工作中永恒的中心目标。随着高铁的快速发展、铁路改革进程的不断推进，一些陈旧、跟不上时代的组织管理制度正在渐渐被淘汰。大量新技术、新工艺、新设备投入生产运行，生产组织方式和生产运行方法发生了很大变化，组织管

图 1-5　接触网维修工在集中检修线路

理、用工方式、管理考核等也进行了相应调整以适应这些发展变化。

在此过程中，职工除了完成日常工作外，还要进行大量政治培训、技能培训、安全教育培训等（见图 1-6），高铁职工的工作负荷越来越大。通过现场调研，我们发现：一些日常管理制度、奖惩制度仍会给职工的正常工作造成较大压力。由于组织管理因素造成的高铁主要行车工种岗位人员产生的心理压力还会影响职工心理健康水平。

图 1-6　高铁职工集体学习

例如驾驶室内部视频监控记录系统，司机感觉到整个工作过程都有监控，给其造成了较大的心理压力。再比如铁路企业严格的绩效考核，尤其是安全绩效的考核，也给职工带来了较大的工作压力。

4. 角色冲突因素

角色冲突所引发的高铁主要行车工种岗位人员心理压力是指：由于高铁职工在工作、家庭、社会中扮演的多重角色在时间、空间及行为模式上发生矛盾时，造成的心理压力。角色冲突是当一个人扮演一个角色或同时扮演几个不同的角色时，由于不能胜任而发生的矛盾和冲突。角色冲突是工作中一个不容忽视的潜在问题。当工作需要个人与组织外部的人进行接触，或者组织内部的个人职能出现交叉重叠，或者部门权限、责任范围分界不清时，角色冲突就会发生。对高铁主要行车工种岗位人员来说，作为家庭成员，他承担着孝敬父母、照顾子女的义务；作为高铁职工，他承担着完成工作、保证铁路安全运行的责任，当家庭和企业同时需要他的时候，就容易在时间和空间上产生矛盾，造成冲突。此外，还存在职能上的冲突、多重领导、工作要求不一致等问题，这些都会导致高铁主要行车工种岗位人员产生工作压力。图 1-7 展示了某高铁职工一家三口的 600 秒的团聚。

图 1-7　某高铁职工一家三口的 600 秒的团聚

5. 职业发展因素

职业发展所引发的高铁主要行车工种岗位人员心理压力是指：由于个人职业生涯发展预期及个人志向受挫、职位缺乏安全感等导致的心理压力。职工职业发展是否顺畅会影响其心理健康水平和工作行为。如果职工认为自己在日常工作中非常努力，多次获得上级领导的表扬，甚至得到过"技术能手"的荣誉，职业发展顺利，则工作满意度和热情就高；反之，职工会对工作产生倦怠情绪，工作效率下降。

6. 人际关系因素

人际关系因素所引发的高铁主要行车工种岗位人员心理压力是指：与领导和主管关系不良，与同事或者下属关系不良等导致的心理压力。职工之间良好的人际关系被视为个人和组织健康的一个重要因素，良好的人际关系为职工提供了一个很好的工作氛围，也可以帮助职工达到个人的职业目标。相反，缺乏支持性的人际关系，或者与同事、伙伴和上级的关系不尽如人意，则很容易引发工作压力。一方面，有的职工由于个性孤僻，不能很好地融入工作环境，导致其人际关系紧张，加上高铁主要行车工种岗位人员的工作性质又经常长时间地与家人分离，无法及时舒缓工作中积蓄的压力。另一方面，人际关系紧张会使职工对他人的信任度不高，缺乏与人交往沟通的兴趣，这样在决策时与他人很难达成一致意见，甚至引发争吵和冲突，这势必会加剧职工的工作压力。人际关系的管理如图1–8所示。

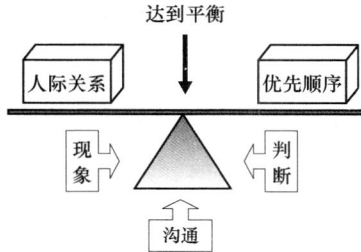

图1–8 人际关系的管理

7. 组织外部因素

组织外部因素所引发的高铁主要行车工种岗位人员心理压力是指：由工作–家庭冲突、财务困难、通勤问题、工作与自己兴趣冲突等原因所导致的心理压力。工作–家庭冲突是高铁主要行车工种岗位人员所面临的一大难题。由于铁路行业的特殊性，决定了高铁职工与家人沟通时间较少，无法快速、有效地解决家庭中存在的问题，有时候问题如果没有得到及时解决就可能演变成大问题，严重的还会破坏家庭稳定。经济因素也是引发高铁主要行车工种岗位人员工作压力的重要诱因，个人的收支一旦失衡必然会给职工带来压力。就业压力大和收入不稳定之间的矛盾、物质欲望高和购买力不足之间的矛盾，经常会让职工产生很大的困扰，导致较大的心理压力，轻则使工作分心，绩效下降；重则导致心理崩溃和极端行为。

人是高铁安全生产运输中的主要因素，高铁主要行车工种岗位人员良好的心理和情绪状态，将构筑成一条人心的安全防线。良好的心理和情绪状态，不仅依赖于制度、管理层面的人文关怀，更依赖于他们的心理素质。心理素质会直接或间接地影响个体的工作状态，良好的心理素质是保持最佳状态、应对工作压力的有效手段。因此，构建高铁主要行车工种岗位人员心理素质模型并提出心理素质提升培训方法，不仅有助于提高高铁主要行车工种岗位人员整体队伍素质，还是保障高速铁路安全、可靠运行的关键，同时也为高速铁路人力资源管理注入新的内容和活力。

二、健康

（一）什么是健康

1989年联合国世界卫生组织（WHO）对健康作了新的定义："健康不仅是没有疾病，而且包括躯体健康、心理健康、社会适应良好和道德健康。"

全世界公认的关于健康的13个标志包括：生气勃勃，富有进取心；性格开朗，充满活力；正常身高与体重；保持正常的体温、脉搏和呼吸；食欲旺盛；明亮的眼睛和粉红的眼膜；不易得病，对流行病有足够的耐受力；正常的大小便；淡红色舌头，无厚的舌苔；健康的牙龈和口腔黏膜；光滑的皮肤柔韧而富有弹性，肤色健康；光滑带光泽的头发；指甲坚固而带微红色。

（二）什么是亚健康

亚健康是一种非病非健康状态，是介于健康与疾病之间的状态，因此又有"次健康""第三状态""灰色状态"等称呼。它的本质是不严重影响工作和生活前提下的健康问题或身体不适应问题。

亚健康的表现主要有以下三点：

（1）躯体方面可表现为疲乏无力、肌肉及关节酸痛、头昏头痛、心悸胸闷、睡眠紊乱、食欲不振、脘腹不适、便秘、性功能减退、怕冷怕热、易于感冒、眼部干涩等；

（2）心理方面可表现为情绪低落、心烦意乱、焦躁不安、急躁易怒、恐惧胆怯、记忆力下降、注意力不能集中、精力不足、反应迟钝等；

（3）社会交往方面可表现为不能较好地承担相应的社会角色，工作、学习困难，不能正常地处理好人际关系、家庭关系，难以进行正常的社会交往等。

（三）什么是心理健康

国家卫生和计划生育委员会将心理健康定义为人在成长和发展过程中，认知合理、情绪稳定、行为适当、人际和谐、适应变化的一种完好状态。

心理学家将心理健康的标准描述为以下几点：

（1）有适度的安全感，有自尊心，对自我的成就有价值感；

（2）适度地自我批评，不过分夸耀自己也不过分苛责自己；

（3）在日常生活中，具有适度的主动性，不为环境所左右；

（4）理智，现实，客观，与现实有良好的接触，能容忍生活中挫折的打击，无过度的幻想；

（5）适度地接受个人的需要，并具有满足此种需要的能力；

（6）有自知之明，了解自己的动机和目的，能对自己的能力做客观的估计；

（7）能保持人格的完整与和谐，个人的价值观能适应社会的标准，对自己的工作能集中注意力；

（8）有切合实际的生活目标；

（9）具有从经验中学习的能力，能适应环境的需要改变自己；

（10）有良好的人际关系，有爱人的能力和被爱的能力。在不违背社会标准的前提下，能保持自己的个性，既不过分阿谀，也不过分寻求社会赞许，有个人独立的意见，有判断是非的标准。

同时，心理学家也指出大多数心理问题都是由压力导致的，本书主要面向高速铁路职工，重点研究高速铁路职工所面临的由压力引发的心理困扰和一般性心理健康问题。

（四）心理健康的测量

心理健康测量是指依据一定的心理学理论，使用一定的操作程序，给被测者的心理特性和行为确定出一种数量化的价值。关于心理健康测量的量表和工具颇多，普遍采用自陈式量表对人的认知、情绪、行为、人际等方面进行测量。目前很多手机软件都嵌入了心理健康测量量表，方便被测者选择适合的量表进行自测，如北京交通大学轨道交通行车关键岗位人员职业适应性研究中心开发的"铁路心晴"App，其中包含心理健康测量功能，提供多种不同类型的量表供被测者选择。

三、压力对健康的影响

压力是个人对任何加诸形体的各种需求而产生的非特定反应。一般正常活动，如一场网球赛、日常工作等，都会造成相当的压力。适度的压力有利于人的进步和发展，但若超过了人的承受能力，则将危害人的身心健康。

（一）压力对身体健康的影响

压力，尤其是工作中过大的压力对身体健康的影响是非常大的，最直观的表现就是身体体型变化。为什么压力大反而会导致肥胖？这是由于压力会通过影响人的代谢和摄食行为，从而促进肥胖的发生和发展。在急性应激反应中，人体的内分泌系统会通过一系列的刺激反应，产生大量糖皮质激素。这种糖皮质激素可以调动机体产生能量来应激，使我们的呼吸和心跳频率都加快。与此同时，内分泌系统会做出相应的调整，防止糖皮质激素过多产生，从而保证人体维持在一个稳定的内环境中。但是，压力时间过长，内分泌系统就会产生一种持久的生理变化来应对过高的压力负荷，改变人体的新陈代谢。比如过高的糖皮质激素可以促进食欲，引起肥胖；再如胃促生长素，这是一种由胃肠道产生的激素，它具有促进食物摄入的独特能力。另外，糖皮质激素还会与胰岛素等其他激素产生协同作用，使体重增加，特别是引起腹部脂肪的囤积。压力对身体体型的影响如图 1–9 所示。

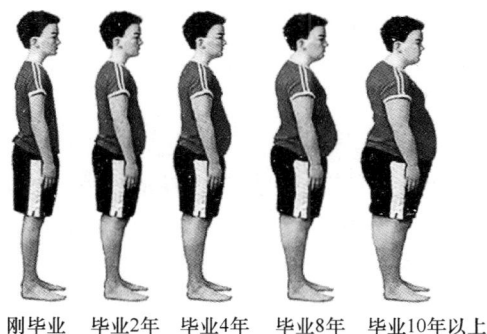

刚毕业　　毕业2年　　毕业4年　　毕业8年　　毕业10年以上

图 1–9　压力对身体体型的影响

除此之外，压力过大还与身体疾病的增加有关。美国哈里斯调查中心发布信息称，人体 60%～90% 的疾病与压力有关。长期生活在压力下，人的身体也会提出"抗议"，引起常见疾病如心血管疾病、消化功能紊乱、"三高"等。

心血管疾病。面对压力，人们会本能地进入一种应激状态，而在这种状态下，人体除了会自动分泌儿茶酚胺类物质，引起血压变化外，还会造成心率变快，血管内皮细胞损伤及动脉粥样硬化，从而诱发心梗、心绞痛、中风等心脑血管疾病。

消化功能紊乱。身体进行压力反应的第一步，就是促使血液从消化系统转向主要肌肉群。肠胃可能会清空内部物质，使身体做好迅速反应的准备。在压力作用下，腹部肌肉会不自觉地持续紧缩造成腹痛。同时，压力也会导致腹鸣、腹泻、便秘、胃溃疡等疾病。长期的阶段性压力和慢性压力与许多消化系统疾病相关，比如肠易激综合征、胃溃疡等。

"三高"。工作压力大的人易患糖尿病。首先是由于精神长期高度紧张，造成肾上腺素分泌过多，从而引起血糖、血压的持续增高。其次，工作压力大的人，往往是工作狂，把吃饭、休息、健身的时间都贡献给了工作。如果错过了吃饭时间，就会在后面的加餐中摄入过多的热量，导致血糖、血脂、激素水平突然增高，饭后又缺乏运动，血糖可能到第二天都难以降到正常水平。

（二）压力对心理健康的影响

压力过大对心理健康的影响主要表现在对情绪、认知能力和综合行为产生的作用方面。

1. 情绪

压力过大对情绪的影响主要表现为以下几点：身体和心理的紧张增加，无法放松，感觉不好，烦恼、焦虑产生；疑病症加重，唤醒并加大压力带来的疾痛，健康快乐感觉消失殆尽；性格发生变化，爱清洁、很仔细的人会变得邋遢，热心人变得冷漠；已经存在的性格问题增加，焦躁忧虑、神经过敏、充满敌意的性格更加恶性化；道德和情感准则削弱，变得暴跳如雷，感情爆发次数增加；出现悲伤失望和求助无望的心理，精神萎靡不振，一种不能对外界事物或内心世界产生影响的感觉油然而生；自我评价迅速下降，自我效能感降低。

2. 认知能力

压力过大对认知能力的影响主要表现为以下几点：专心和注意的范围缩小，难以保持注意，观察能力降低；注意分散，经常在思考或讨论事情时到一半就卡壳；反应速度变得无法预料，实际的反应速度减小，导致鲁莽的决策；记忆力衰退，记忆范围缩小，对非常熟悉的事物的记忆力和辨别能力下降；错误率增加，处理事物时错误百出，做出的决策令人怀疑；组织能力和长远规划能力退化，头脑没有能力准确地估价现存的条件并预料未来的后果；错觉和思维混乱增加，对现实的判断缺少效率，思维模式变得纷杂无章。

3. 综合行为

压力过大对综合行为的影响主要表现为以下几点：说话结巴，或是原有的结巴症状加剧，兴趣和情绪减少，人生目标荡然无存；经常旷工；滥用药物增加，对酒精、咖啡因、尼古丁上瘾，非法吸毒发生的可能性增大；精神衰退，情绪起伏不定，但找不到明显原因，睡眠紊乱或失眠，或隔几小时就瞌睡一次；以玩世不恭的态度对待他人，处处向人发难；新的信息被忽视，甚至可能把非常有用的方法或新方法拒之门外；转嫁责任于他人，重新划分界线，把本属于自己的责任推给别人；出现稀奇古怪的行为。

【扩展阅读】

积极心理学

压力越来越大，焦虑率、抑郁率越来越高，这不再是一种国家现象，而已经成为一种全球现象。为了有效缓解由压力造成的焦虑、烦恼等不良情绪，以及更好地处理压力对认知能力和综合行为的不良影响，个体在日常的工作和生活中，可以适当了解、学习和运用一些有关积极心理学方面的知识。

积极心理学是研究关于积极的情绪、体验、积极的个性特征及其对健康的影响等内容，使人们的日常生活更令人满意，而不仅仅是治疗心理疾病。每个人都会不断遇到意外、挫折和压力，从心理学的角度来说，由于社会认知方面的偏差，相同事件发生在不同人的身上，未必会产生同样的压力问题，也未必会采取相同的应对策略。积极的情绪体验如主观幸福感、快乐等和积极的个性特征如乐观、执着、挑战、渴望、信赖等会增加个体的心理资源，有助于个体采取更为有效的应对策略，从而更好地面对生活中的各种压力情景。

第二节　人的行为基础

个体行为既存有共性的方面，又兼有差异性。共性体现在每个人都有认知、情感等心理过程；个性则表现为从外显的传记特征到内在的个性心理特征和心理倾向性的差别性，有些是比较明显的，有些是深层的、不易识别和把握的。而影响个体行为的因素有很多，如价值观、态度、人格、能力、动机、知觉、学习等，如图1–10所示。通过了解个体的行为模式，掌握其形成、发展、变化的规律，分析影响个体行为的深层原因，有利于提升高铁主要行车工种岗位人员的行为表现。然而，在现有的培训体系里，并未完全考虑到这些能够影响个体行为的重要因素。因此，高铁主要行车工种岗位人员心理素质提升培训应当包括这些内容。

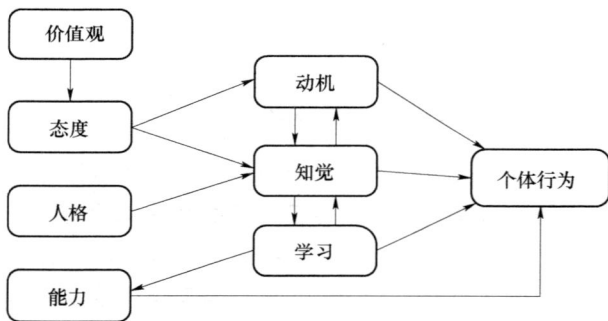

图1–10　影响个体行为的因素

一、价值观

价值观是人们对事业物进行评判和选择的重要性标准。人们对于诸事物的看法和评价及其在心目中的主次、轻重的排列次序，就是价值观体系。价值观和价值观体系是决定人的行为的心理基础。

价值观是人和社会精神文化系统中深层次的、相对稳定而起主导作用的成分，是人精神、心理活动的核心系统。价值观对人们自身行为的定向和调节起着非常重要的作用。价值观决定人的自我认识，它直接影响和决定一个人的理想、信念、生活目标和追求方向的性质，是人生和事业中最重要的精神追求、精神寄托和精神支柱。在当代高铁职工核心价值观的引导下，无数高铁职工在自己的岗位上默默奉献、发光发热。

二、态度

态度是个体对特定对象（人、观念、感情或事件等）所持有的稳定的心理倾向，包括认知、情感和行动意向三种成分，如表 1-1 和图 1-11 所示。一般而言，态度是内在的，主要是通过人们的言论、表情和行为来反映。态度的对象既可以是具体的人和事物，也可以是抽象的概念（勤劳、勇敢、社会制度等）。可以说，态度是人们对态度对象表现出支持或反对、肯定或否定、喜欢或厌恶，并由此激发出来的一种行为准备状态。

表 1-1　态度心理结构的组成要素

要素	含义	例子
认知	态度的观点或信念	工作时，吸烟会导致安全事故
情感	态度的情绪或感情体验	我讨厌烟味，反感他人工作时吸烟
行动意向	对态度对象的反映倾向	我不选择抽烟

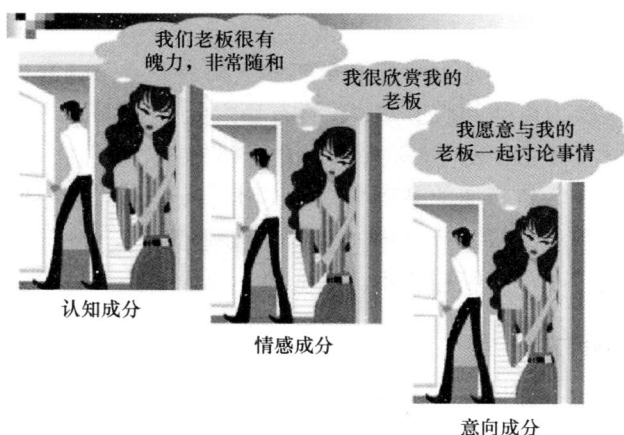

图 1-11　态度心理结构的三个要素

对于高铁职工来说，工作态度主要涉及工作满意度、工作投入、组织认同三个方面。工作满意度是指个体对工作本身及工作环境的一般态度。其中包括对工作状态、工作方式、工作压力、挑战性、工作中的人际关系等的态度。工作投入则是指个体在心理上对工作本身的认同，以及认为其绩效水平对自我价值的重要程度。研究表明，工作投入高的职工对工作有强烈的认同感，出勤率更高，离职倾向更低。组织认同表示职工对于特定组织及其目标的认同，并且希望维持组织成员身份的一种态度。高组织认同的职工往往对组织有非常强的认同感和归属感。一般而言，态度影响动机和知觉，进而决定行为，行为是态度的外部表现，高铁职工的态度对于其工作行为有着重要的影响。积极向上的态度有利于高铁职工以更加饱满的热情投入到岗位工作中，为高铁事业的发展贡献自己的力量。

三、人格

人格是个体内在的心理生理系统的动力组织和由此决定的独特的思维、情感和行为模式。人格具有独特性、稳定性、多维性和功能性，在工作和生活中一方面可以通过观察个体外在的行为推知他的人格；另一方面，也可以通过了解个体的人格特性预测其未来的行为倾向。

研究表明，事故的发生率和员工的人格特质有十分密切的关系，技术再好、能力再强的职工，如果没有稳定的人格特质，也会表现出较高的事故发生率。安全是高铁运行的首要前提，铁路管理部门应在充分把握职工人格特质的基础上，有效预测职工的行为，判别他们在某些情况下可能采取的行为模式，这对高铁职工在工作中防止事故发生、促进安全工作有积极作用。

四、能力

能力是人们成功地完成某种活动所必需的个性心理特征。人们要想顺利地完成某项活动，需要具备某些能力。也就是说，人们在处理或解决问题时，所需要的能力不是单一的，而是多种能力的结合。一般来说，一个人的能力结构，可以分为三大类：心理能力、体质能力和情绪能力。心理能力，即从事心理活动所需要的能力，也称智力。体质能力是指从事某项工作所需具备的身体方面的能力。例如，不少工种工作的成功要求耐力、手指灵活性、腿部力量及其他相关能力。情绪能力是一个人情绪智力水平，也称情商，是指在面对环境需求和压力时，影响一个人获得成功的非理性（非认知）的处理技巧和体验能力。

能力是保证某种活动得以顺利实现的心理特征。能力既可以指实际能力，也可以指潜在能力。实际能力是个人实际表现出来的能力，是在先天遗传基础上，通过后天环境中的努力学习带来的；潜在能力是个人将来通过机会学习，可以在行为上表现出的潜能。这也是需要对高铁职工进行选拔和培训的原因，如图1-12所示。

图1-12 高铁职工选拔和培训

五、动机

动机是由目标或对象引导、激发和维持个体活动的一种内在心理过程或内部动力。诱发动机的因素有内部因素也有外部因素，内部因素主要是由个体内部需要引发，如兴趣、信念、世界观等；外部因素主要是由外部因素引发，如目标、压力、责任、义务等，动机有内隐性、多重性、复杂性等特性。按照对动机的划分方式，工作动机也可以分为内部工作动机和外部工作动机。外部工作动机主要是与一些外部因素相关，如工作压力、工作奖金、福利等。内部动机是心理上三重满足后的一种表现：自主的满足、能力的满足、人际交往的满足。

自主的满足与能力的满足是一种基本的需求，人际交往的满足是一种社会性的满足。拥有动机的职工往往对工作、组织表现出更高的敬业水平。

铁路管理部门应当注意激发职工的内、外部动机，特别是内部动机，即组织应当看到职工真正的需求。根据马斯洛需求理论，职工的需求由低到高分别是生理需求、安全需求、社交需求、尊重需求和自我实现需求五类，不同的职工在不同的时期有不同的需求，组织应对职工进行需求群体划分，对不同的需求对象采取不同的管理与激励模式。

六、知觉

知觉是个体对感觉信息的加工和解释的过程，是对事物整体特性的反映。根据在知觉中起主导作用的分析器官的不同，知觉可以分为视知觉、听知觉、嗅知觉、味知觉和触知觉等；根据知觉反映的事物的特性，知觉可分为空间知觉、时间知觉和运动知觉等；根据知觉所反映的客体的性质，把对客观事物的不正确的知觉称为错觉。

人的知觉能力一直是生产作业中关注的重点，人的知觉对安全的影响很大。高铁职工的视觉、运动、注意力等知觉能力对不安全行为影响较大，而且每个职工具有不同的知觉反应能力。高铁职工尤其是危险性比较高的行车工种岗位人员应提高知觉能力，改变心理状态，提高自我对注意力的合理分配，更好地应对复杂的工作环境。

七、学习

学习是指个体因练习、经验而获得新的、相对持久的信息、行为模式或能力的过程。通过学习，人们可以凭借新的经验完成从前无法完成的事情，提升能力水平。比如，新手司机在驾驶理论学习之后，不会立刻让其进行独立的驾驶操作，往往会由一名技术娴熟的教练或师傅带着进一步学习。经过一段时间的学习，新手司机才能独立进行驾驶操作。如图 1-13 所示。

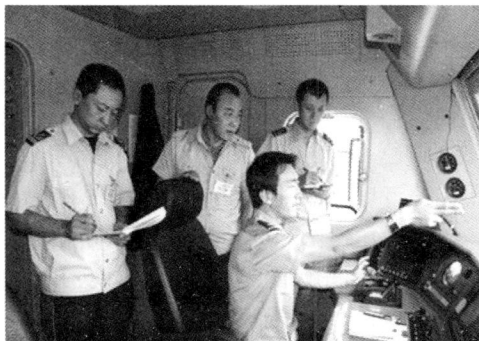

图 1-13 新手司机在学习驾驶操作技巧

相关研究均证明,学习行为能有效提高组织内职工的绩效。在职工个体活动中,当阻碍绩效提高的行为发生时,行为主体会通过总结经验,进而改变原有认识及行为。当前高铁技术发展迅速,新标准、新设备层出不穷,对高铁职工的能力也提出了更高的要求。为了适应不断变化的工作形势,高铁职工应增强学习意识,不断提高自身本领,确保铁路运输安全的持续稳定。

通过上述分析可以看出,这些因素相互作用、共同影响高铁职工的行为。高铁职工的价值观通过态度影响动机和知觉,进而会影响个体行为的选择;而不同人格的高铁职工,即便在同种情境下对同样一件事情,也会产生不一样的知觉。提高处于危险、复杂环境的高铁行车工种的知觉能力,可以促使其采取高效率、高安全性的行为来应对危险、复杂多变的环境。此外,学习不但可以提升高铁主要行车工种岗位人员的工作能力,而且可以提高其心理和情绪能力,使其在处于突发事件时能够及时调节,采取理性行为,确保安全;而动机、知觉和学习又是相互联系的,共同影响个体行为。

第三节 角 色 认 知

本节将介绍人的认知体系,明确角色认知,提高高铁职工对自身、对岗位、对心理素质的认知水平。

一、角色的含义与特征

（一）角色的含义

角色，亦称"脚色"，本指演员在戏剧舞台上按照剧本规定所扮演的某一特定人物的专门术语。长期以来，角色概念在社会学、社会心理学中得到广泛的应用。在社会心理学中，角色通常指个体在一般社会生活中不同时间、空间所表现出的符合社会期望的模式化行为。这里所使用的角色是指，人们对于在某一社会单元中占据特定位置的个体所期望的一套行为模式，是人的一系列典型的行为特征。个体的行为是否符合角色期待，在很大程度上取决于他对自身扮演角色的认知。而个体的角色认知与他的生活经历、个性、价值观和文化背景等相关，因此不同个体对同一角色的认知也会有所差异，从而导致行为的不同。

（二）角色的特征

理解一个人的行为，关键是弄清他当时在群体中扮演什么角色。不同的群体对个体的角色要求不同，同一个群体扮演不同角色时的行为模式也不同。理解和影响群体成员的角色行为，需要了解角色同一性、角色知觉、角色期待、角色冲突等组织和群体的角色特征。

1. 角色同一性

角色同一性是指个体对一种角色的态度与该角色实际角色行为模式保持一致性。也就是说，当人们清楚地意识到环境条件需要自己做出重大改变时，就能够迅速变换自己所扮演的角色。

2. 角色知觉

角色知觉是指个体对于自己在某种环境中应该做出什么样行为反应的认识和理解。人们的角色知觉及其所做出的相应行为反应，是以个体对群体或他人对自己所扮演角色的期望行为模式为样板，以自己对于外界希望自己怎样做的感知和解释为基础的。在许多组织或企业中，设立师徒制、导师制的目的就是要让初学者在有经验职工或专家指导下，在工作实践中进行角色知觉，从而学会按照组织或他人的期望模式来采取恰当角色行动。

3．角色期待

角色期待与角色知觉的主、客体恰好相反，指群体或他人对个体所扮演角色的期望行为模式，也就是群体或他人认为，承担某种角色的个体在特定的情境中应当做出什么样的行为反应。个体的行为方式在很大程度上由其做出反应的背景所决定。

4．角色冲突

任何组织或群体中的个体都不得不扮演多种不同的生活角色和工作角色，不得不应对多种角色期待。当个体面临多种角色期待时，如果个体服从某一种角色的期待或要求，却很难遵从另一种角色期待时，便会发生角色冲突。

二、角色行为

（一）角色转换

角色行为是指个体承担一定角色时所表现出来的实际行为。通常个体会经常变换自己的角色。角色转换是一种非常普遍的社会现象。所谓的角色转换是指一个人由一种社会角色向另一种社会角色的变动和更替。一个人从呱呱坠地开始，随着年龄的增长和职业的选择，他担任着不同的角色，并实行着种种角色转换。以一名高铁职工为例，在踏上工作岗位前，他是学生角色；工作之后，是高铁职工角色；结婚后，他是丈夫角色；生育后，他是父亲角色；退休后，他是退休职工角色。所以说，人的一生是扮演不同角色的一生，也是角色转换的一生。

（二）角色压力

角色压力的产生是因为角色当事人面对过多的角色要求，无法在限定的时间内完成每一个角色的要求。此外，在其角色压力涵盖的层面中，亦提及角色能力不足与角色能力过高，前者是指角色拥有的资源不足以致无法应付外界的要求，后者为角色拥有的资源超过职位的要求，最终会促使职工内心产生不平衡的状态，主要包括四种类型。

第一，纵然角色要求并不繁重，亦无困难时，它们仍然受到时间与地点的限制。例如，春节期间，高铁职工常常因为工作时间和地点的原因，无法与家人团聚。

第二，所有的人都参与各种不同的角色关系，而每一种角色关系都或多或少有其不同义务，容易产生分配上的冲突。例如，个体作为公民的义务与家庭中作为父母的义务这两种角色间不适应的状态。

第三，每一种角色关系都要求好几种不同的活动与反应，但是它们又不相一致，如妻子不顾情理平衡家庭预算的行为，会伤害她与家人的感情关系。

第四，很多关系，形成了"角色群"，即一个人通过他的职位与不同的人建立的角色的关系，角色关系不协调，就会产生角色负荷。

（三）角色错位

角色错位是一种扭曲的角色行为。角色错位是指角色扮演者的实际表现与社会、群体、组织、他人的期待或要求不符合的行为。要扮演好自己担当的角色，就必须严守职责，要"在其位，谋其政"。传统观念认为，不生病就是健康。而最新的健康概念实际上包括四个层次，分别是生理健康、心理健康、道德健康和社会适应健康。其中，社会适应健康是最高层次。社会适应指的是个体在社会中对不同角色的适应。当缺乏角色意识、出现角色错位时，就会产生一系列社会适应不健康的表现。

（四）角色失败

角色的扮演不是一帆风顺的，常常会产生矛盾，甚至遭受失败。角色失败是一种严重的角色失调行为。角色失败是指角色扮演者由于多种原因使其半途终止甚至最后退出角色的行为。就社会整体而言，角色失败只是少数现象，但是，一旦角色失败行为发生，将会带来严重的后果，所以应当予以重视，认清角色规范，正确处理各类矛盾。

【案例】

津巴多模拟监狱实验

实验简介

美国斯坦福大学教授津巴多为了探究社会环境对人的行为会产

生何种程度的影响，便在报纸上发布广告寻找大学生参加监狱实验。经过一系列测试，24 名身心健康、遵纪守法的年轻人入选。他们被分成"犯人"和"看守"并开始实验。但这场实验最终却被迫提前结束，因为这些学生接受了分派给他们的角色之后，"看守"逐渐变得残酷成性；"囚犯"则表现出严重抑郁、思维紊乱乃至情绪失控。这个实验结果令世界震惊。

实验思考

为什么被实验者这么深入地陷于给定角色呢？社会期望在这里发挥重要作用。社会期望指个体作为群体成员对面临事件的主观定向，它具有群体要求功能。角色期望反映了社会中人的相互依存关系，其中包含权利与义务观念。在一个特定社会中的人都有各自所扮演的角色，社会期望就是要求他们扮演好自己的角色，这样他们才会得到社会认同和生存发展。

在实验中，被实验者变成了"看守"或"囚犯"。看守的社会认同是限制囚犯的自由和反抗；而囚犯则被认为是失去自由、服从管制的。因此人们对于看守和囚犯的社会期望也不同，人们希望前者能管理囚犯的行为，维持监狱秩序；希望后者不做任何反抗。为了得到社会认同，被实验者会按照社会对他们的角色期望来确定自己的行为。因此，原本身心健康的被实验者，在实验中会表现出惊人的残暴或顺从。这告诉我们，现实生活中人们受到社会角色的规范约束，并为了满足社会期望努力扮演自己的角色。角色对我们生活中大部分态度和行为有重大影响。

第四节　心理素质

《现代汉语词典》将素质定义为"事物本来的性质"。素质是一个比较广泛的概念，不仅仅是一种生物学现象，还包含了各种心理或行为特质，如人的品质、能力、修养、健康和心理素质等内容。而心理素质是其非常重要的组成部分，对个体的认知、个性、人格、适应性行为习惯等有重要的影响。

心理素质是个体内在素质结构中一个重要的组成部分，是在"素质"的概念基础上提出的表征个体心理能力的概念。心理素质是人整体素质的组成部分，它是在遗传基础之上，在教育与环境影响下，经过主体实践训练所形成的性格品质与心理能力的综合体现，对内制约着主体的心理健康状况，对外与其他素质共同影响主体的行为表现。

心理素质具有以下特点：

（1）心理素质具有整体性，心理素质是多因素综合，心理素质是先天和后天交互作用的结果，心理素质是以生理条件为基础的，后天的教育可以影响和促进心理素质的发展；

（2）心理素质具有基本性，心理素质是内在潜质，外在适宜刺激条件可以促进心理素质的内化和固定；

（3）心理素质具有差异性，心理素质体现的是人的各个方面、各个层次。

根据高铁主要行车工种岗位人员主要工作特征、工作内容及对人员的素质要求，课题组构建了高铁主要行车工种岗位人员心理素质模型。

（一）高铁主要行车工种岗位人员心理素质模型汇总

高铁主要行车工种岗位人员的心理素质包括情绪复原力、心理适应能力、认知能力、工作价值观、安全意识五个维度，具体包括 35 个小项，结合高铁主要行车工种岗位人员的工作特征，各维度及释义见表 1-2，心理素质维度构成汇总见表 1-3。

表 1-2　高铁主要行车工种岗位人员心理素质维度及释义

维度	释义
情绪复原力	妥善管理自身情绪，对由于工作内容或工作环境引起的不满、恐惧、厌恶、悲伤、焦虑等情绪体验能够自我认识、自我协调、主动摆脱不良情绪的能力
心理适应能力	在面对环境压力时，个体自觉主动地应用心理学原理，通过疏导、支持、解释、启发、教育等手段，解决工作生活中的心理问题或心理障碍，使得个体更好地生存的能力
认知能力	人脑加工、储存和提取信息的能力，即人们对事物的构成、性能与他物的关系、发展的动力、发展方向及基本规律的把握能力

维度	释义
工作价值观	个人对工作和与工作相关的客观事物（包括人、物、事）及对自己行为结果的意义、作用、效果和重要性的总体评价
安全意识	人们在生产活动中，对各种各样可能对自己或他人造成伤害的外在环境的一种戒备和警觉的心理状态

表1-3 高铁主要行车工种岗位人员心理素质维度构成汇总

维度	子维度	释义
情绪复原力	紧张应对	在工作过程中精力要求保持长时间高度集中，且每一步操作都需准确无误而产生的紧张情绪状态；需要应对在要求紧急抢修出动时，由于抢修时间压力造成的情绪上的紧张感
	恐惧应对	应对由于在高电压环境和高空作业而产生的心理上的恐惧感
	倦怠应对	应对工作内容单一、重复带来的身心疲劳的情绪状态
	孤独应对	在工作过程中长期单人执乘且与人沟通交流匮乏而导致的心理孤独感
	挫折应对	受到挫折以后，可以尽快调整状态，更好地投入到日常生产工作中的能力
	压抑应对	由于工作环境的狭窄、工作压力的增加和情绪宣泄疏导方式的匮乏而产生的压抑情绪状态
	焦虑应对	由于经常与上下级沟通而产生的焦虑情绪状态
	郁闷应对	由于行车等级低、工作时需等待的时间长，缺乏归属感等产生的郁闷情绪
心理适应能力	适应时间紧迫能力	在非正常行车状况下，在短时间内可以准确冷静地发现问题、处理问题的能力；要求紧急抢修时，可以在时间紧迫的情况下保持头脑冷静、有条不紊地处理故障的能力
	适应野外工作能力	在野外线路上工作时，能够适应野外恶劣工作环境同时保证工作正常进行的能力
	适应高电压工作环境能力	在高电压工作环境中，能够不惧怕高危工作环境同时保证工作正常进行的能力
	适应密闭工作环境能力	在相对封闭、狭小的工作环境中可以高水平地承担驾驶任务的能力
	适应枯燥工作能力	适应长时间与机器打交道的枯燥工作环境，始终保持工作热情的能力

维度	子维度	释义
心理适应能力	适应被关注能力	在紧急非正常行车状况下，承受来自社会、领导、同事、乘客等高度关注的同时仍可以准确冷静地处理问题的能力
	适应负面情绪能力	遇到产生负面情绪时能够自我调整
	适应角色冲突能力	当职工担任不同角色时可以很好地处理不同角色间的冲突的能力，如工作、家庭平衡能力等
	适应人际交往能力	妥善处理组织内外部关系的能力，包括与周围环境建立广泛联系和对外界信息的吸收、转化能力，以及正确处理上下左右关系的能力
认知能力	注意力集中能力	一定时间内注意力始终指向同一活动或对象的能力
	逻辑判断能力	运用知识、经验等对事物本质或异常情况进行分析、判断、推理的能力
	手眼协同能力	在高空作业时，保持手到眼到、手眼同步作业的能力
	学习能力	以快捷、简便、有效的方式获取准确知识、信息，并将它转化为自身技能的能力
	注意力分配与转移能力	在驾驶过程中可以保持注意力集中，同时可以分配注意力关注多个目标的能力
	作业平稳能力	长时间重复作业状态下，保证作业正确性、完成量及作业过程的能力
	协作配合能力	组内成员相互配合、协调的能力
	故障描述能力	通过观察，运用语言准确描述故障状态和特征的能力
工作价值观	爱岗敬业	热爱铁路事业，忠于职守，尊重、认真对待自己的岗位，并对自己的岗位职责负责到底
	遵章守纪	在作业过程中，自觉遵守各项操作规程和劳动纪律
	服从指挥	在作业过程中，服从调度人员指挥，严格按照指挥进行操作
	按标作业	在作业过程中，按照一次标准作业的流程的要求进行操作
	奉献精神	不计较个人得失，对自己的岗位事业全身心付出
安全意识	事故敏感性	对事故和故障的发生高度警惕，可以高度敏感地捕捉到事故发生的先兆并及时采取措施

维度	子维度	释义
安全意识	严谨细致	做事认真负责、一丝不苟、精益求精
	尽责性	自觉认真地履行工作职责，并把责任转化到行动中去的一种自觉意识
	谨慎性	处于高电压和高空工作环境时，时刻保持小心、谨慎的操作状态
	耐心	在遇到长时间等待等情况时，能够保持不急躁、不厌烦的状态

（二）各工种心理素质模型

为了进一步明确高速铁路主要行车工种各个岗位的核心心理素质，课题组进一步详细分析了 17 个高铁主要行车工种岗位人员心理素质构成。

1. 高速铁路通信综合维修工

高速铁路通信综合维修工的心理素质模型如图 1–14 所示。情绪复原力包括紧张应对、恐惧应对；心理适应能力包括适应时间紧迫能力、适应野外工作能力、适应角色冲突能力；认知能力包括注意力集中能力、逻辑判断能力、手眼协同能力；工作价值观包括爱岗敬业、遵章守纪、服从指挥、按标作业、奉献精神；安全意识包括严谨细致、尽责性。高速铁路通信综合维修工按其心理素质标准开展各项培训工作。

2. 通信网管

通信网管的心理素质模型如图 1–15 所示。情绪复原力包括焦虑应对；心理适应能力包括适应负面情绪能力、适应角色冲突能力、适应人际交往能力；认知能力包括注意力集中能力；工作价值观包括爱岗敬业、遵章守纪、服从指挥、按标作业、奉献精神；安全意识包括事故敏感性、严谨细致、尽责性。通信网管按其心理素质标准开展各项培训工作。

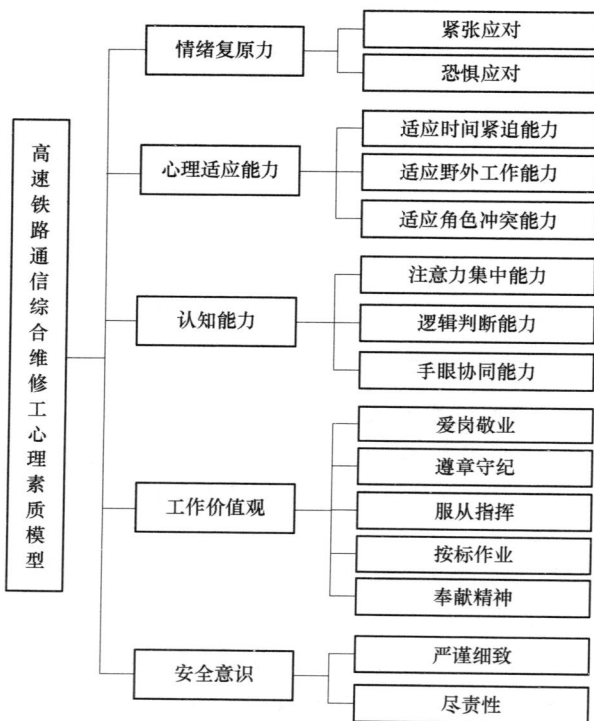

图 1-14　高速铁路通信综合维修工的心理素质模型

3. 车载通信设备维修工

车载通信设备维修工的心理素质模型如图 1-16 所示。情绪复原力包括倦怠应对；心理适应能力包括适应枯燥工作能力、适应角色冲突能力；认知能力包括学习能力；工作价值观包括爱岗敬业、遵章守纪、服从指挥、按标作业、奉献精神；安全意识包括严谨细致、尽责性。车载通信设备维修工按其心理素质标准开展各项培训工作。

4. 动车组司机

动车组司机的心理素质模型如图 1-17 所示。情绪复原力包括孤独应对、紧张应对、压抑应对、挫折应对；心理适应能力包括适应时间紧迫能力、适应密闭工作环境能力、适应被关注能力、适应角色冲突能力、适应人际交往能力；认知能力包括学习能力、注意力

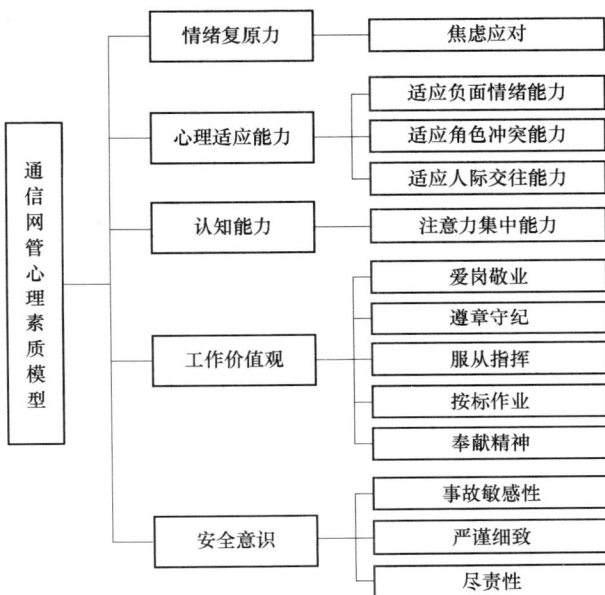

图 1-15　通信网管的心理素质模型

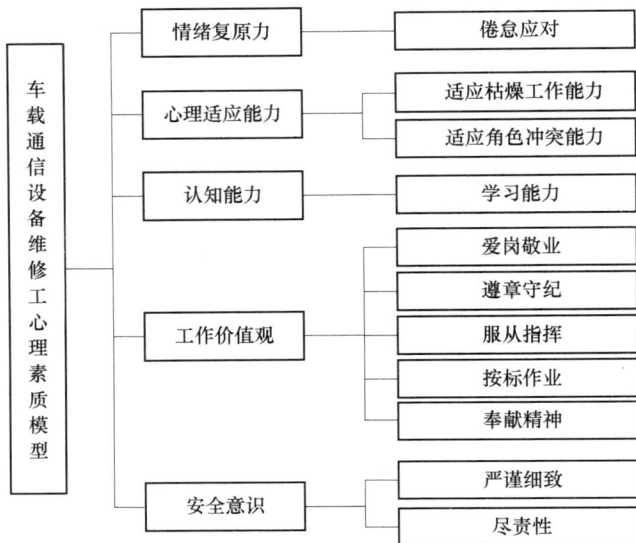

图 1-16　车载通信设备维修工的心理素质模型

分配与转移能力、作业平稳能力、故障描述能力；工作价值观包括爱岗敬业、遵章守纪、服从指挥、按标作业、奉献精神；安全意识包括事故敏感性、严谨细致、尽责性。动车组司机按其心理素质标准开展各项培训工作。

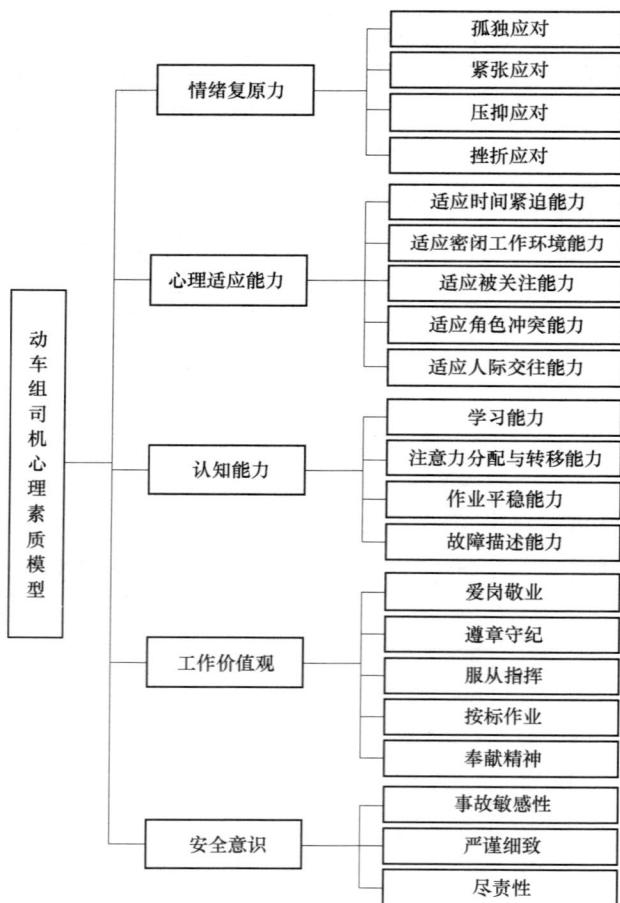

图1-17 动车组司机的心理素质模型

5. 地勤司机

地勤司机的心理素质模型如图1-18所示。情绪复原力包括倦怠应对；心理适应能力包括适应枯燥工作能力、适应角色冲突能力；认知能力包括注意力集中能力、手眼协同能力；工作价值观包括爱岗敬业、遵章守纪、服从指挥、按标作业、奉献精神；安全意识包括严谨细致、尽责性。地勤司机按其心理素质标准开展各项培训工作。

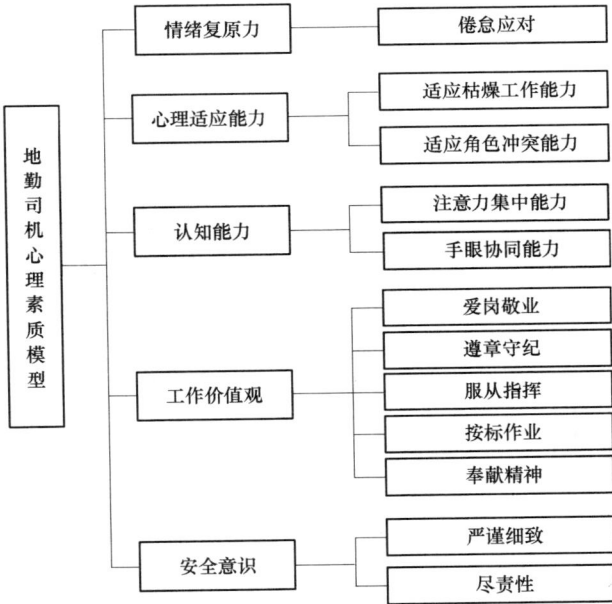

图1-18　地勤司机的心理素质模型

6. 随车机械师

随车机械师的心理素质模型如图1-19所示。情绪复原力包括孤独应对、紧张应对、恐惧应对；心理适应能力包括适应时间紧迫能力、适应被关注能力、适应角色冲突能力、适应人际交往能力；认知能力包括逻辑判断能力、注意力集中能力、手眼协同能力、故障描述能力；工作价值观包括爱岗敬业、遵章守纪、服从指挥、按标作业、奉献精神；安全意识包括事故敏感性、严谨细致、尽责性。随车机械师按其心理素质标准开展各项培训工作。

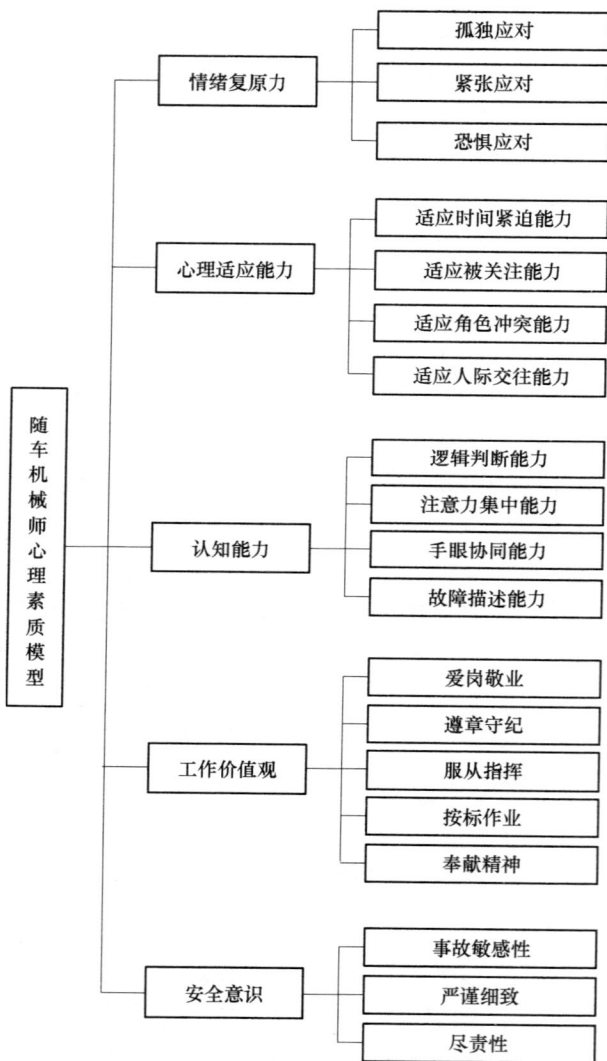

图 1-19　随车机械师的心理素质模型

7. 地勤机械师

地勤机械师的心理素质模型如图 1-20 所示。情绪复原力包括倦怠应对；心理适应能力包括适应枯燥工作能力、适应角色冲突能力；

认知能力包括注意力集中能力；工作价值观包括爱岗敬业、遵章守纪、服从指挥、按标作业、奉献精神；安全意识包括严谨细致、尽责性。地勤机械师按其心理素质标准开展各项培训工作。

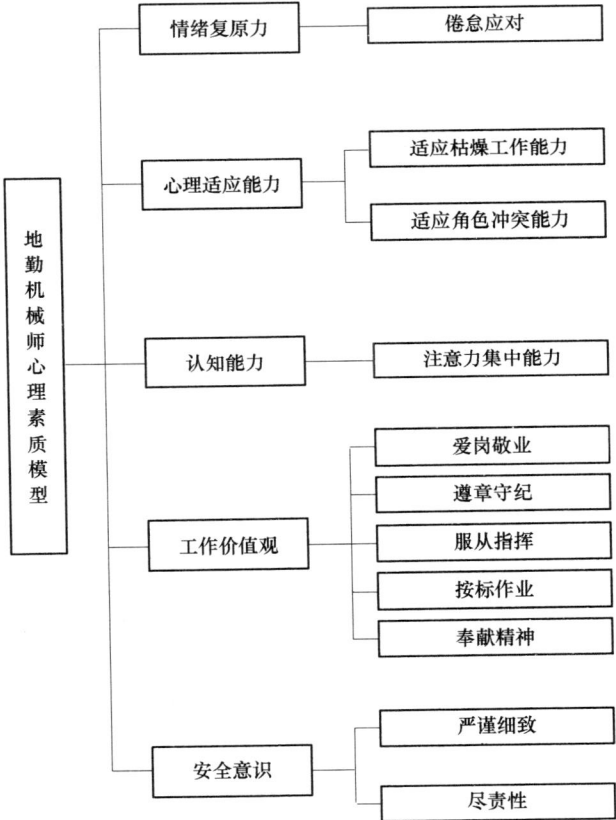

图 1-20 地勤机械师的心理素质模型

8. 现场信号设备维修工

现场信号设备维修工的心理素质模型如图 1-21 所示。情绪复原力包括紧张应对、恐惧应对；心理适应能力包括适应时间紧迫能力、适应野外工作能力、适应角色冲突能力；认知能力包括注意力集中能力、逻辑判断能力、手眼协同能力；工作价值观包括爱岗敬业、遵章守纪、服从指挥、按标作业、奉献精神；安全意识包括严谨细致、尽责性。现场信号设备维修工按其心理素质标准开展各项培训工作。

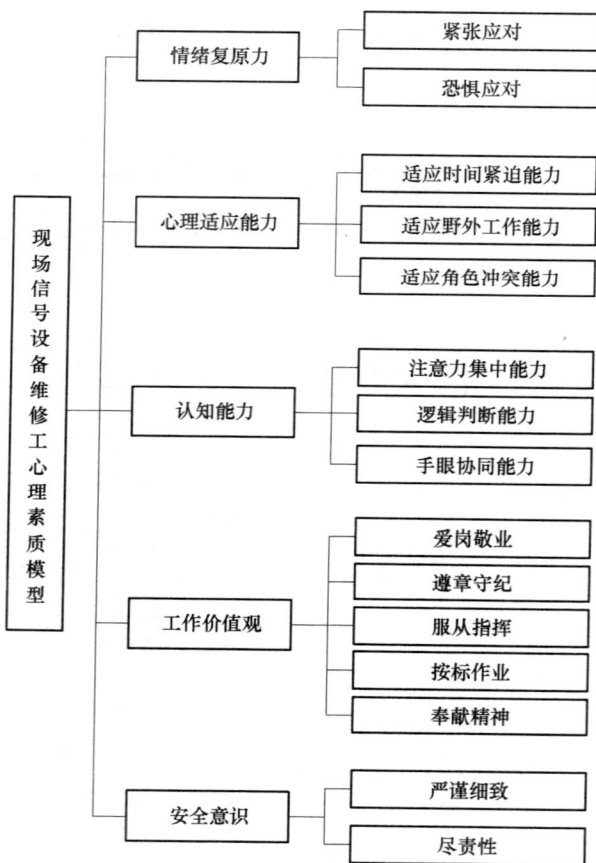

图 1-21　现场信号设备维修工的心理素质模型

9. 控制中心信号设备维修工

控制中心信号设备维修工的心理素质模型如图 1-22 所示。情绪复原力包括焦虑应对；心理适应能力包括适应负面情绪能力、适应角色冲突能力、适应人际交往能力；认知能力包括注意力集中能力；工作价值观包括爱岗敬业、遵章守纪、服从指挥、按标作业、奉献精神；安全意识包括事故敏感性、严谨细致、尽责性。控制中心信号设备维修工按其心理素质标准开展各项培训工作。

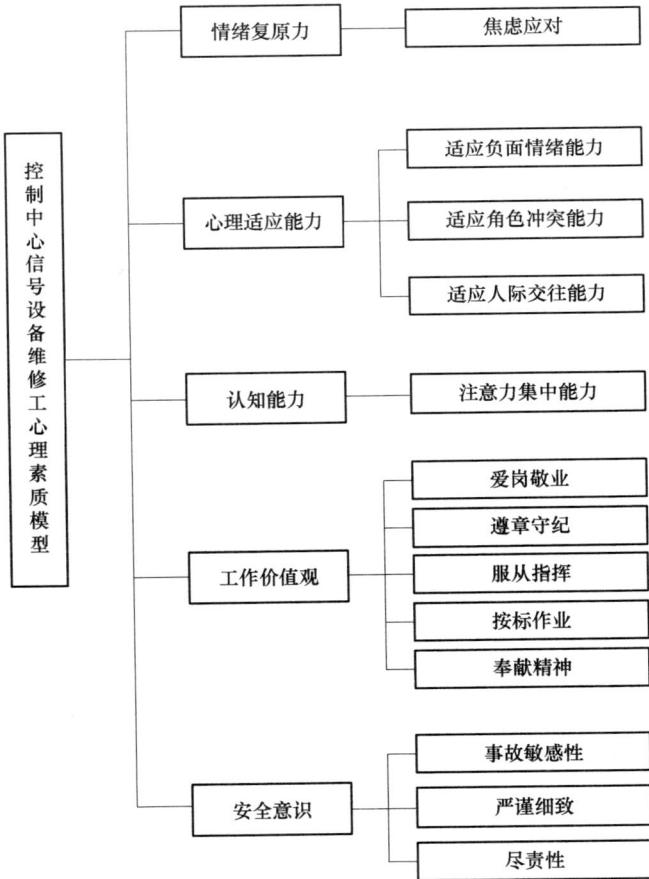

图 1-22　控制中心信号设备维修工的心理素质模型

10. 列控车载信号设备维修工

列控车载信号设备维修工的心理素质模型如图 1-23 所示。情绪复原力包括倦怠应对；心理适应能力包括适应枯燥工作能力、适应角色冲突能力；认知能力包括学习能力；工作价值观包括爱岗敬业、遵章守纪、服从指挥、按标作业、奉献精神；安全意识包括严谨细致、尽责性。列控车载信号设备维修工按其心理素质标准开展各项培训工作。

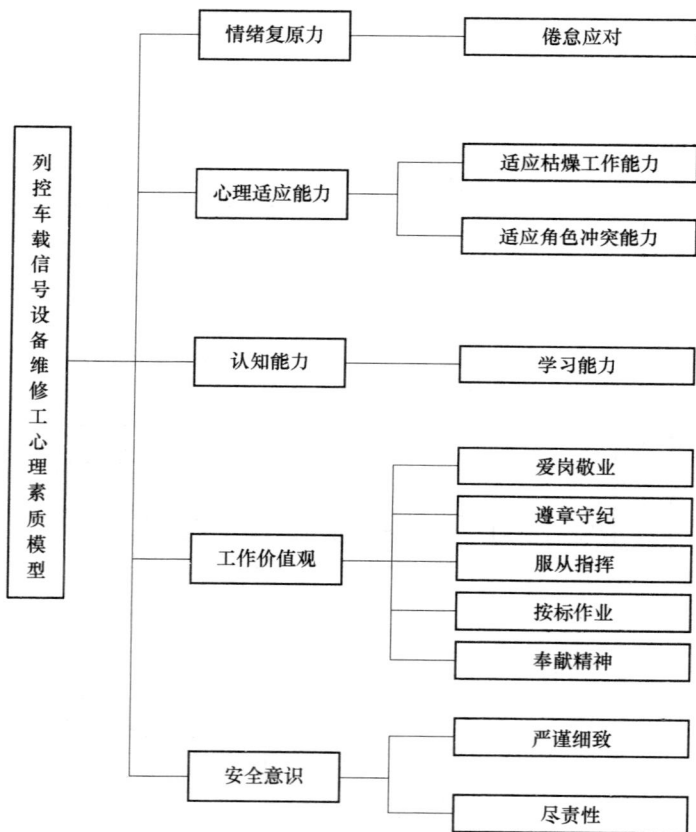

图 1-23 列控车载信号设备维修工的心理素质模型

11. 接触网作业车司机

接触网作业车司机的心理素质模型如图 1-24 所示。情绪复原力包括郁闷应对、压抑应对；心理适应能力包括适应密闭工作环境能力、适应角色冲突能力、适应人际交往能力；认知能力包括注意力集中能力、学习能力；工作价值观包括爱岗敬业、遵章守纪、服从指挥、按标作业、奉献精神；安全意识包括严谨细致、尽责性、耐心。接触网作业车司机按其心理素质标准开展各项培训工作。

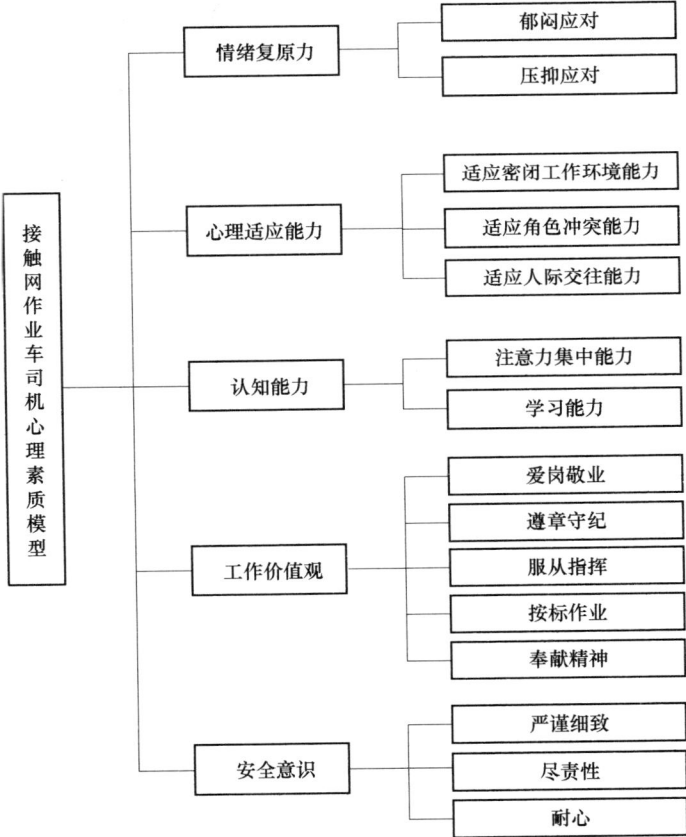

图 1-24　接触网作业车司机的心理素质模型

12. 接触网维修工

接触网维修工的心理素质模型如图 1-25 所示。情绪复原力包括紧张应对、恐惧应对；心理适应能力包括适应时间紧迫能力、适应野外工作能力、适应高电压工作环境能力、适应角色冲突能力；认知能力包括协作配合能力、手眼协同能力；工作价值观包括爱岗敬业、遵章守纪、服从指挥、按标作业、奉献精神；安全意识包括严谨细致、尽责性、谨慎性。接触网维修工按其心理素质标准开展各项培训工作。

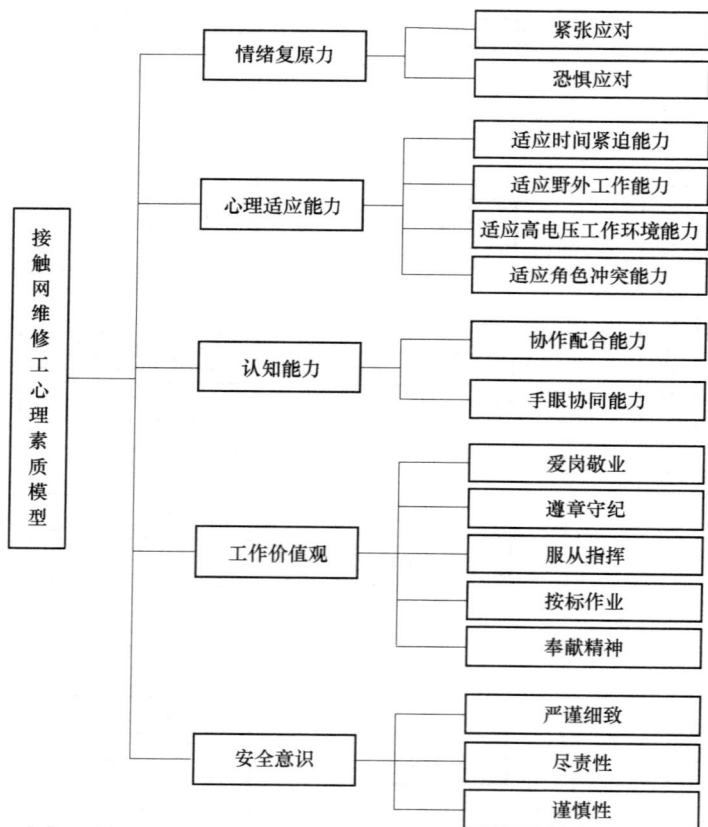

图 1-25 接触网维修工的心理素质模型

13. 电力线路维修工

电力线路维修工的心理素质模型如图 1-26 所示。情绪复原力包括紧张应对、恐惧应对；心理适应能力包括适应时间紧迫能力、适应野外工作能力、适应高电压工作环境能力、适应角色冲突能力；认知能力包括注意力集中能力、逻辑判断能力、协作配合能力；工作价值观包括爱岗敬业、遵章守纪、服从指挥、按标作业、奉献精神；安全意识包括严谨细致、尽责性。电力线路维修工按其心理素质标准开展各项培训工作。

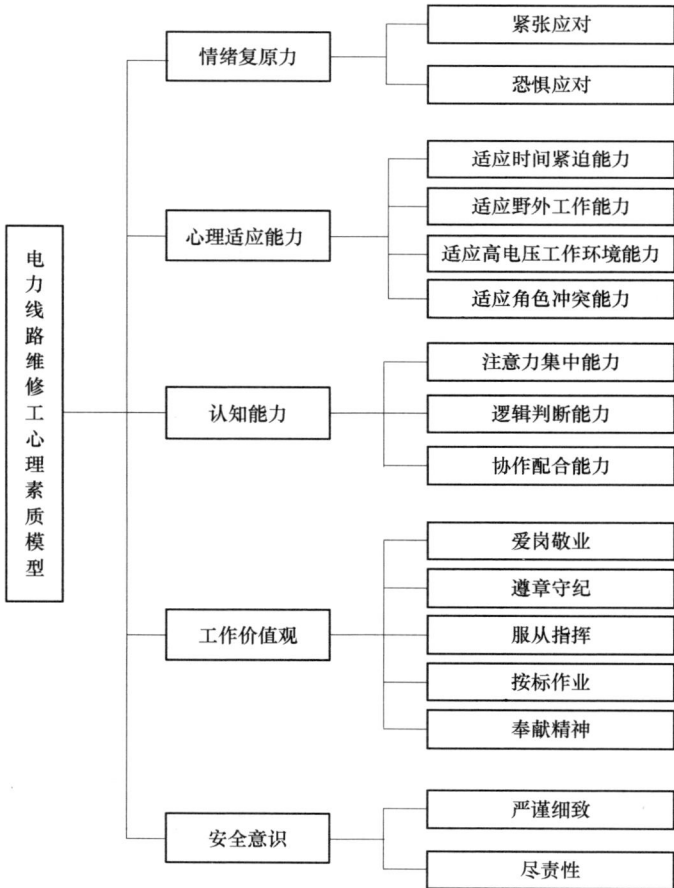

图1-26 电力线路维修工的心理素质模型

14. 变配电设备检修工

变配电设备检修工的心理素质模型如图1-27所示。情绪复原力包括恐惧应对；心理适应能力包括适应高电压工作环境能力、适应角色冲突能力；认知能力包括逻辑判断能力、协作配合能力；工作价值观包括爱岗敬业、遵章守纪、服从指挥、按标作业、奉献精神；安全意识包括严谨细致、尽责性、谨慎性。变配电设备检修工按其心理素质标准开展各项培训工作。

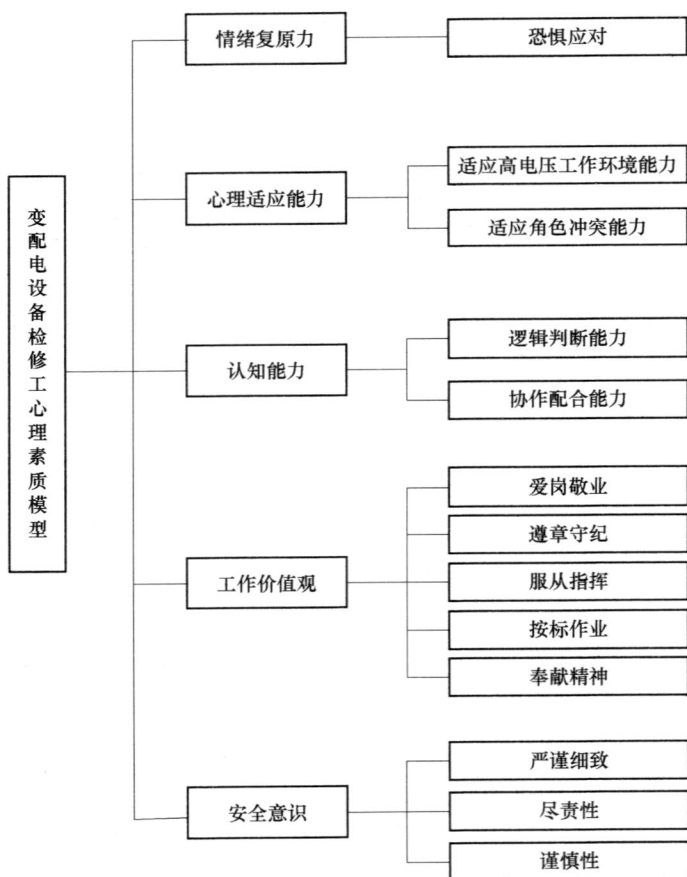

图 1-27 变配电设备检修工的心理素质模型

15. 轨道车司机

轨道车司机的心理素质模型如图 1-28 所示。情绪复原力包括郁闷应对、压抑应对；心理适应能力包括适应密闭工作环境能力、适应角色冲突能力、适应人际交往能力；认知能力包括注意力集中能力、学习能力；工作价值观包括爱岗敬业、遵章守纪、服从指挥、按标作业、奉献精神；安全意识包括严谨细致、尽责性、耐心。轨道车司机按其心理素质标准开展各项培训工作。

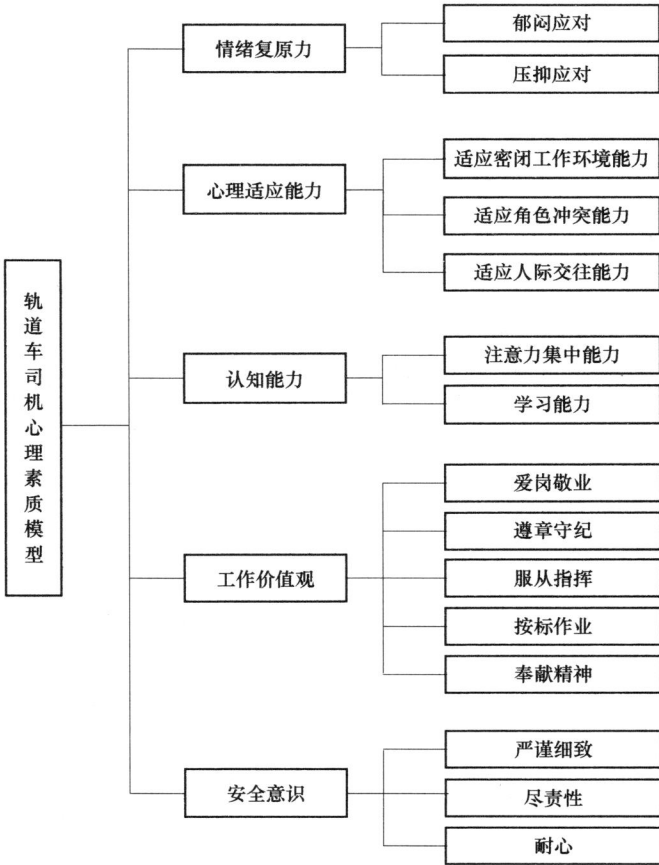

图 1-28　轨道车司机的心理素质模型

16. 线路工

线路工的心理素质模型如图 1-29 所示。情绪复原力包括恐惧应对；心理适应能力包括适应野外工作能力、适应角色冲突能力；认知能力包括注意力集中能力、手眼协同能力、协作配合能力；工作价值观包括爱岗敬业、遵章守纪、服从指挥、按标作业、奉献精神；安全意识包括严谨细致、尽责性。线路工按其心理素质标准开展各项培训工作。

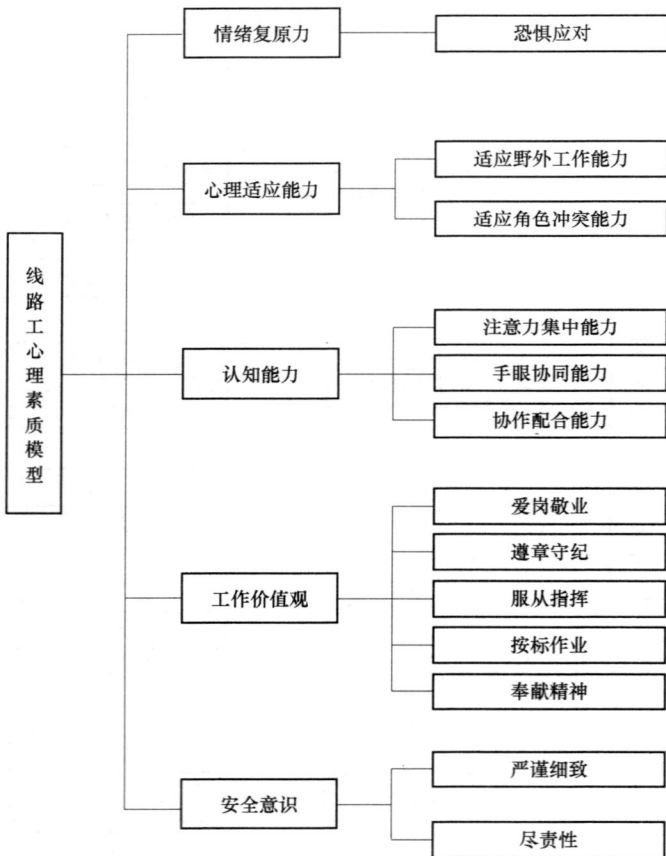

图 1-29　线路工的心理素质模型

17. 桥隧工

桥隧工的心理素质模型如图 1-30 所示。情绪复原力包括恐惧应对；心理适应能力包括适应野外工作能力、适应角色冲突能力；认知能力包括注意力集中能力、手眼协同能力、协作配合能力；工作价值观包括爱岗敬业、遵章守纪、服从指挥、按标作业、奉献精神；安全意识包括严谨细致、尽责性。桥隧工按其心理素质标准开展各项培训工作。

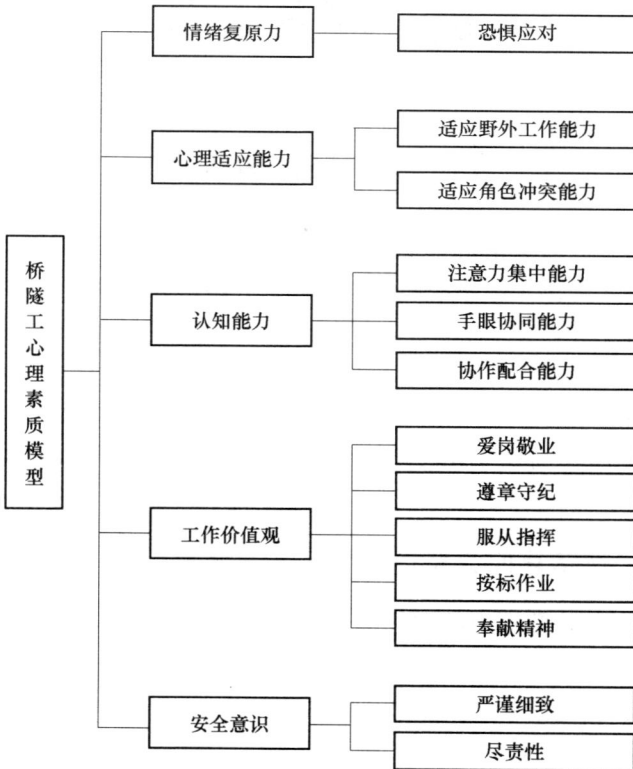

图1-30　桥隧工的心理素质模型

第二章　高铁主要行车工种岗位人员心理素质内涵

第一节　情绪复原力

情绪复原力是指妥善管理自身情绪，对由工作内容或工作环境引起的不满、恐惧、厌恶、悲伤、焦虑等情绪体验能够具有自我认识、自我协调、主动摆脱的能力。高铁主要行车工种岗位人员的情绪复原力包括紧张应对、恐惧应对、倦怠应对、孤独应对、挫折应对、压抑应对、焦虑应对、郁闷应对 8 个子维度。本节将对情绪复原力的内涵、作用以及高铁主要行车工种岗位人员情绪复原力的要求进行详细讲解。

一、情绪复原力概述

（一）情绪复原力的内涵

1. 紧张应对

1）紧张的含义

紧张是由某种精神压力所引起的一种兴奋不安的应激性情绪反应，是一种适应性的情绪反应，如图 2-1 所示。对于工作来说，紧张在一定程度上是必要的，也是必然的。心理学研究表明，适度的紧张可以使人们在心理和生理上处于积极的准备状态，并能充分调动人们的智慧和能量。但是，心理学研究也同

图 2-1　紧张

时指出，过度的紧张会使人们的高级神经系统活动的兴奋和抑制过程失调，从而使人们在心理和生理上处于不正常或紊乱状态。例如，接触网维修工，在遇到时间要求很紧迫的任务时，会出现紧张情绪。

2）紧张产生的原因

紧张源于对未知的恐惧，表现在心理和生理两个方面。例如，考试、求职、意外、遇袭、求婚、遭灾、遇劫、遇险或者是到一个陌生环境，要与陌生人交往，看见流血、暴力、死亡等场面等。又如，在行车过程中遇到故障时，随车机械师需要在最短的时间内发现问题并解决问题，责任重大，都会经历一阵惊慌和害怕的情绪体验，因而导致精神和肉体产生不同程度的紧张，这些都属于心理原因。此外，跌、撞、碰、推、摔、倒、挑、抬、扛，五脏六腑及身体任何部分不舒适，都会引起局部或全身紧张，这属于生理原因。不论是心理或生理引起的紧张，人体都有一种自然的调节功能，让它慢慢地缓解下去，等到下一个刺激到来时，再度紧张起来。

3）紧张的危害

如果长时间处于高度紧张状态，很可能导致一系列危害的产生，如家庭不和睦、邻里关系紧张、人际关系不协调等。像动车组司机，因为长期在外工作，与家人相处时间少，容易产生家庭冲突，使人心情过度紧张，并引发一系列症状，表现为头痛、失眠、身体不适、疲乏易倦、心慌、易怒、焦虑不安、紧张烦躁、恐惧担忧等，这些统称为"紧张综合征"。过度紧张作为一种心理因素也会导致许多疾病的产生，如溃疡、心脑血管疾病、龋齿、糖尿病等。

2. 恐惧应对

1）恐惧的含义

恐惧是对来自想象和现实中的威胁所有的正常反应，是个体发展中所需的组成部分。在生理心理学领域中，恐惧常被认为是一种动机状态，这种状态有着强烈的生物驱动性，它驱使着有机体在所处环境中选择外界刺激尤其是具有危险信号的刺激。从进化心理学角度看，相较于人类的其他基本情绪，恐惧具有更强烈的生存价值，是个体发展的必要组成部分和个体适应能力的主要表现。如图 2-2 所示。

图2-2 恐惧

2）恐惧产生的原因

恐惧是指人们对特定情境中可能存在的外显或潜在的危险或威胁的反应。这种危险与威胁主要来自以下 5 个方面：与危险和伤害有关的（如绑架、地震），与未知和神秘物有关的（如一个人单独待着、鬼魂或幽灵般的东西），与失败、批评和惩罚有关的（如工作绩效不佳、遭受别人的批评），与朋友和亲子关系有关的（如失去朋友、家人生病），与动物有关的（如老鼠、蜥蜴、虫、蛇）。例如，桥隧工经常要到野外工作，野外工作环境恶劣，容易出现蛇、鼠等，会产生恐惧情绪。

3）恐惧的危害

当高铁主要行车工种岗位人员产生恐惧情绪时，不仅会降低工作效率、影响机体免疫力，还会把这种情绪传染给周围的人，造成一种恐惧情绪的传导效应。

（1）工作效率下降。恐惧的个体只要设想进入恐怖情境，就会产生预期性焦虑，导致注意力不集中、理解能力下降，学习效率降低，从而影响人的工作状态。

（2）降低机体免疫力。深度感到恐惧时，常会出现头痛、头晕、心烦、恐慌等症状表现，有时还会伴有恶心、呕吐等。

（3）恐惧情绪的传导效应。美国一项研究发现，人在恐惧时产生的汗液散发出一种化学信号。周围其他人会下意识地接收这种信号，从而同样产生恐惧感。

3．倦怠应对

1）倦怠的含义

倦怠是指一种由于工作的枯燥而引发的心理枯竭，是长期处在一种环境中能量消耗，没有得到重视而不懂得自我调整的职业人的通病，如图2-3所示。人们之所以对工作产生倦怠心理，多数是因为工作重复单调，缺乏新鲜感。例如，地勤机械师，工作内容比较单一、重复，容易产生倦怠情绪。一项工作干久了，看上去轻车熟路，实际上就会重复"吃剩饭"的感觉，失去最初的新鲜感，这是一个很正常的心理现象。

2）倦怠产生的原因

从认识和感知的角度讲，职业倦怠是一种主观体验。不过，导致这种倦怠感的原因既可能是主观的，也可能是客观的。

主观原因指的是那些并非直接来源于工作本身，或并非与工作有关的因素导致的对工作的倦怠感，以及工作满意度的降

图 2-3　倦怠

低。例如，个人兴趣的转移、相对剥夺感的产生、其他事务的干预所导致的情绪低落等，这些都可能左右个体的情绪，从而影响工作满意度，降低幸福感，产生工作倦怠。

客观原因指的是那些直接来源于与工作本身有关的因素对个体工作满意度和幸福感的影响。例如，工作任务和内容的频繁变换、个人能力与工作要求的匹配程度、社会评价与比较的压力、付出与回报之间的关系等。

3）倦怠的危害

高铁主要行车工种岗位人员有倦怠情绪不仅工作效率会下降，还会危害身心健康，影响人际关系。

（1）影响工作效率。高铁主要行车工种岗位人员在工作时，需要随时随地接收周围的大量信息，并对之做出判断和反馈。处于职业倦怠状态的高铁主要行车工种岗位人员会觉得这些信息所带来的压力势不可当，他们无法很好地处理这些信息，导致他们的注意力难以集中在一件事情上，从而影响工作效率。

（2）危害身心健康。倦怠情绪对身体的危害通常表现为一种慢性衰竭，包括深度疲劳、失眠、头昏眼花、恶心、过敏、呼吸困难、肌肉疼痛等。同时，个人成就感降低、自责和丧失自尊心是职业倦怠对心理影响的主要特征。

（3）影响人际关系。很多人感到筋疲力尽，对一切都失去了兴趣。在面对朋友的时候，他们总是烦躁易怒，甚至把怨气发到别人身

上。与同事相处时，总是挑对方的毛病，数落对方的不是，最终影响人际关系。

4. 孤独应对

1）孤独的含义

人们在社会中生活，具有各种各样的社会需要，形成了各种各样的社会关系。当某种社会需要得不到满足，或者对社会关系的渴望与现实拥有的实际水平产生差距时，人们就会感到孤独。孤独是一种主观自觉与他人或社会隔离与疏远的感觉和体验，而非客观状态。孤独不是简单说身边没有人陪，而是一种精神上的隔离。孤独的本质是源于人对自己存在感、对外界控制感的缺失。如图 2–4 所示。

图 2–4　孤独

2）孤独产生的原因

心理学研究表明，孤独大多是因为长期没有获得满意的人际网络，为了工作整日奔波，长期在外，无法停下脚步和亲人好友倾心畅谈，内心就会平添许多寂寥。很多原因会造成孤独，如工作环境的因素、自身方面的因素、人际交往方面的因素等。

（1）工作环境的因素。有些环境容易让人感到孤独，如孤单的环境，陌生的环境，突变的环境等。例如，动车组司机，常常都是单人执乘，驾驶室只有司机一个人，容易产生孤独情绪。

（2）自身方面的因素。当个体对自我的评价过低时，往往会产生自卑心理，自卑心理严重的人往往缺少朋友，容易产生孤独感。而如果个体自我评价过高，往往产生自负心理，看不起别人，他们在交往中表现为不合群、不随和、不尊重他人，很容易导致他人的不满。因此，自负心理严重的人也往往缺乏朋友，感到孤独。

（3）人际交往方面的因素。人际交往需要真诚、需要热情、也需要技巧。情绪情感成分是人际交往中的主要组成部分，人际交往中的情绪情感障碍常常诱发孤独感。常见的情绪情感障碍有：害羞、恐惧、愤怒、嫉妒、狂妄等，其中，与孤独感密切相连的是害羞和恐惧，害羞和恐惧会使人产生逃避行为，从而避开与人交往的情境，离群索居，封闭自我。

3）孤独的危害

孤独感是一种封闭心理的反应，是感到自身和外界隔绝或受到外界排斥所产生的一种苦闷的情感。一般而言，短暂或偶然的孤独不会对心理健康造成危害。但是长期或严重的孤独就可能引发某些情绪障碍，从而降低人的心理健康水平。

研究表明，经常处于孤独情绪状态的人血压比社交活跃的人高出30 mmHg，患心脏病和中风的可能性高 3 倍；孤独的人容易染上不良嗜好，孤独的危害等同于每天吸 15 支烟，因为它会削弱人的意志力和决心，容易放弃运动，倾向于摄取更多脂肪和糖分、烟酒等。

5. 挫折应对

1）挫折的含义

从心理学上分析，人的行为总是从一定的动机出发，经过努力达到一定的目标，如图 2-5 所示。如果在实现目标的过程中，碰到了困难，遇到了障碍，就产生了挫折。因此，心理学认为挫折是指个体有目的的行为受到阻碍而产生的必然的情绪反应。

图 2-5 挫折

同样一件挫折事件，有的高铁主要行车工种岗位人员可能因此而成长，有的高铁主要行车工种岗位人员可能因此而被击垮。所以，问题不在"挫折"本身，而在于他们是以什么心态去面对挫折事件的。如果高铁主要行车工种岗位人员有足够的安全感和自信心，就能够相对乐观地面对挫折；如果高铁职工没有足够的安全感和自信心，可能就会在挫折面前倒下。

2）挫折产生的原因

挫折情境是产生挫折的原因。这些原因有些是客观存在的，有些是由主观因素而产生的。

（1）客观原因。客观原因是指个体在社会生活中受到政治、经济、道德、宗教、习惯势力等因素的制约而造成的挫折，如工作失误、升职受限等，社会因素带来的阻碍或困难更复杂、更普遍、更广泛。

（2）主观原因。主观原因主要包括生理因素和心理因素。生理因素是指因自身生理素质、体力、外貌以及某些生理上的缺陷所带来的限制，导致需要不能被满足或目标不能实现，如有一名高铁职工培训效果不好怪罪自己脑袋太笨了。心理因素是指个体因需求、动机、气质、性格等心理方面的原因导致活动失败、目标无法实现。

3）挫折的危害

遇到挫折，很多人会产生无所适从、心烦意乱及焦虑、郁闷等情绪反应。他们会采取一定的方式应付挫折，有的人因为愤怒而产生攻击行为，有的人迁怒于他人，甚至自伤自残。这不但不能使问题得到解决，还容易产生新的冲突，造成不和谐的人际关系。还有的人遇到挫折时会一蹶不振，吸烟喝酒，借酒消愁。这些都是人们采取的消极应付方式，它有时可以暂时缓解挫折带来的紧张和痛苦，但这些都是一种逃避现实的反应，它只能使人更消沉，更痛苦。

6．压抑应对

1）压抑的含义

压抑是一种较为普遍的社会心理。心理学上专指个人受挫后，不是将变化的思想、情感释放出来，转出去，而是将其压抑在心头，不愿承认烦恼的存在。如图2-6所示。

2）压抑产生的原因

从外部环境来讲，如果个体与环境不协调，有过多的挫折感，就可能产生压抑心理。这主要表现在三个方面。

图2-6　压抑

（1）行为规范的影响。行为规范是调节、约束个体行为的行为准则。如果行为规范太多，过于严厉，或者规范与个体的接受程度差距甚远，个体极易产生压抑感。

（2）工作学习与生活上的压力。人们必然要进行工作、学习、生活等实践活动，若这种实践与人的能力相适应，个体就能取得预想的成绩，就有成就感；若人的能力不能承担这些实践任务，或者长期超负荷地工作、学习、生活，不堪重负，个体就可能感到痛苦与压抑。

（3）紧张的人际关系。人际关系指人与人之间的心理距离。人有合群性，希望自己能被他人接纳。亲密的人际关系能增强人的自信心，满足人的社交需求；而紧张的人际关系使人的精神与社会的需求不能得到满足，个人的志向处处受挫，或"怀才不遇"，或遭人冷遇，自然会产生孤独无援的感觉，结果可能导致个体采取回避现实的行为。

3）压抑的危害

压抑感是人们对外界压力的一种抵触，这种感觉久了会严重影响人们的身心健康发展。压抑感会降低身体的正常的防卫功能，因为身体对一些消极的影响都有抵触的作用，压抑感一开始产生的时候也会遭到人们思想的抵触，长时间的压抑感会使身体虚弱。如果过于频繁地压抑，超过了意志控制的能力与心理忍受力，就可能出现心理失常，严重的还可能出现心理疾病。

7. 焦虑应对

1）焦虑的含义

焦虑情绪是人们在面对特殊情况进行适应时，在内心激起的不愉快的情绪，它是一种常见的、基本的心理体验。如图 2-7 所示。

图 2-7　焦虑

2）焦虑产生的原因

当外界环境的剧烈变化或面对未知的充满风险的新环境时，人们的惯常行为方式无法适应这一变化，内部的各种冲动、欲望，与自我难以调和。焦虑常见的表现是：反应性的敌意、极力压抑的冲动、矛盾的意向、超我对自我的道德和完美主义的要求。当焦虑情绪出现时，高铁主要行车工种岗位人员会有一种无所适从的疑虑，不知道事情会如何发展，有什么样的危险来临，并为此坐立不安。

3）焦虑的危害

焦虑情绪的产生不仅会影响睡眠，还会造成身体不适感以及一些急性焦虑症状。

（1）睡眠障碍。这是焦虑症最常见的危害，容易引发失眠多梦、半夜惊醒等症状。有的高铁主要行车工种岗位人员因为焦虑情绪，夜间鼾声大作，醒后自感彻夜不寐，缺少睡眠感。

（2）植物神经功能障碍和躯体不适感。这两种焦虑症危害常同时存在，可涉及各个内脏器官。检查可见心率增快、多汗、肌肉紧张、肌腱反射活跃、双手震颤等。

（3）急性焦虑症状。具有特征性的是急性焦虑发作。有的高铁主要行车工种岗位人员因为焦虑情绪，感到心悸、心慌、喉部梗塞、呼吸困难、透不过气、头晕、无力等。

8. 郁闷应对

1）郁闷的含义

现代社会中，"郁闷"是个很平常的词汇，其词义为"烦闷，不舒畅"，揭示的是人们受到不利的内外环境因素刺激时产生自我心理压力，而在行为上找不到积极有效的排解办法时所产生的心理迷茫和痛苦。因此，"郁闷"是一种消极的精神状态，如图 2-8 所示。

图 2-8　郁闷

2）郁闷产生的原因

根据马斯洛的需求层次理论，可以总结出郁闷情绪本质来源于情感上的需要。

（1）归属与爱的需要。人人都是社会中的一员，归属与爱的需要在群体中才能得到满足。从高铁主要行车工种岗位人员的角度来看，他们主要是要获得团体的认同、接受，与同事建立起和谐的人际关系。但是在现今铁路行业中，部分岗位由于工作性质限制，常常需要高铁主要行车工种岗位人员独自在工作地点奋斗，导致其找不到集体归属感。

（2）尊重的需要。尊重的需要包括自尊、自重和来自他人的敬重。马斯洛认为，尊重需要的满足将产生自信、有价值、有能力和"天生我才必有用"的感受。反之，这一需要一旦受到挫折，就会产生自卑、弱小以及无能的感觉。

（3）自我实现的需要。这种需要可以说成是个体想要实现人的全部潜能的欲望。一旦高铁主要行车工种岗位人员认为在自己工作岗位没法完全展示自己的才能、实现自己的价值并提升自己，就可能会产生失落感。

3）郁闷的危害

经常具有郁闷情绪的高铁主要行车工种岗位人员会经常失眠，精神状态不佳，由此对其身体健康造成危害。

（1）缺乏睡眠。在夜深人静的夜晚胡思乱想，导致失眠。而长期睡眠不足会导致体质下降、让郁闷症状加重，形成恶性循环。

（2）精神萎靡不振。有郁闷情绪的人有一个通病就是整个人看起来萎靡不振，做任何事情都无精打采、提不起兴趣。严重的还会出现呆若木鸡的状态。

（3）对身体的危害。郁闷情绪的危害不仅在于精神方面，它也会造成食欲减退、乏力等身体症状，而这些症状持续时间长了还会导致身体各部位的器官出现疾病。

（二）情绪复原力的作用

1. 情绪复原力是激发心理活动和行为的动机

人体按照生物节律有规则地呼吸或者补充水分，内驱力的反应功能相对呆板和固定，而情感反应则不受时间、条件的限制，即使在缺乏内驱力的情况下，感情也可以成为足够强烈的驱动力量。情感是人的动力系统，同时也是控制系统，控制着人的一切行为。一切行为都需要情绪支持，创造则需要更大的热情。激情是精神力量的最高形式，把人的生理调适到最佳状态。情绪的动机作用不仅体现为对生理需要的放大，而且它在人类高级的目的行为和意志行为中也发挥着重要影响。兴趣、好奇会促使人们去探索复杂的现象，即使屡遭失败也能顽强坚持，希望能够成功。

2. 情绪复原力是心理活动的组织者

情绪可以影响知觉对信息的选择，监视信息的流动，促进或者阻止工作记忆，干涉决策、推理和问题解决。情绪可以驾驭行为，支配有机体同环境协调，使有机体对环境信息做最佳处理。情绪具有调控功能，适当的情绪对人的认知活动具有积极的组织功能，而不当的情绪则对人的认知活动有消极的瓦解功能。心理学研究发现，人们无论从事简单还是复杂的劳动，都必须有一个合适的情绪激活水平为背景，才可能顺利完成各种活动。

3. 情绪复原力是身心健康的调节剂

我国传统医学认为，人的情绪活动必须以五脏精气作为物质基础，而外界的各种刺激只有作用于有关的内脏，才会出现情绪的变化。在很多时候，人对社会的适应是通过调节情绪来进行的，情绪调控的好坏直接影响到人的身心健康，积极的情绪有助于身心健康，而消极的情绪则可能会引起各种疾病。

4. 情绪复原力是信息交流的重要手段

人类在没有获得语言之前，正是通过情绪信息的传递而协调彼此之间的关系来求得生存的。情绪是一种独特的非语言沟通，心理学家在研究了英语使用者的交往现象后发现，在日常生活中，55%的信息靠非言语表情传递，38%的信息靠言语表情传递，只有 7%的信息靠言语传递。情绪的外显形式是表情，它通过面部肌肉的运动、身体姿态、声调的变化来实现信息的传递。情绪作为人们社会交往的一种心理表现形式，和语言一样，具有服务于人际间相互交往的通信职能，是人际信息交流的重要手段。

二、高铁主要行车工种岗位人员情绪复原力的要求

（一）紧张应对

紧张应对是指高铁主要行车工种岗位人员在工作过程中精力要求保持长时间高度集中，且每一步操作都需准确无误而产生的紧张情绪状态。例如，高铁主要行车工种岗位人员需要应对紧急抢修时，由于抢修时间压力造成的情绪上的紧张感。高铁主要行车工种岗位人员

紧张情绪主要有来源于时间、责任、操作三个方面。

1. 时间方面

⚪ 【案例】

某动车组的电连接线夹被烧坏，导致接触网出现故障。为了立即排除故障危险及安全隐患、恢复接触网的功能、保证列车不晚点，接触网维修工刘某接到通知以后，紧急出动，对其进行检查，发现故障以后马上更换烧坏的电连接线夹。

应急抢修时对接触网维修工的技术要求高、时间要求紧，规定时间内未完成抢修会影响工作考核和绩效考核。路局抽考力度大，且与绩效挂钩，作业时间有限，因此对他们的紧张应对能力要求很高。

高铁主要行车工种岗位人员在面临紧急抢修出动时，对抢修时间要求很紧，在规定时间内必须出动，抢修成功时间越短越好，这种抢修时间压力会造成高铁主要行车工种岗位人员情绪上的紧张感，如高速铁路通信综合维修工、现场信号设备维修工、接触网维修工、电力线路维修工等。

2. 责任方面

⚪ 【案例】

2017 年 1 月 28 日，农历大年初一，小胡像往常一样，凌晨 3 点 10 分准时起床，例行巡视，这是随车机械师出乘前最为重要的一项工作。距离动车组正式上线运行还有 90 分钟的时间，小胡开始对动车组进行全面的巡视检查。每次作业他都会花上 40 分钟时间对动车组车内、车下状态进行仔细确认，确保动车组各关键部位状态良好，各项参数正常，实现动车组零故障出库。

随车机械师的任务主要是通过系统来监测高铁的运行状态，如果出现故障，系统会出现提示，找出原因以后，需要马上排除故障以保障动车组的正常运行。随车机械师责任重大，因此对他们的紧张应对能力要求很高。

高铁主要行车工种岗位人员在面临非正常行车时，需要及时发现动车组出现故障的原因，并且需要及时处理动车组出现的故障，肩负着重大的责任。这种时间紧张、责任重大的状况等会造成他们情绪上的紧张感，如随车机械师。

3. 操作方面

【案例】

2008 年，某动车组担当的某次列车运行至某站进站前，后受电弓自动降弓，司机未立即按照规定采取停车措施，盲目升前弓维持运行，继续进站，导致接触网大面积损坏。

动车组岗位规章制度要求严格，当出现紧急事件时容易产生紧张情绪，违反规章制度，因此对动车组司机的紧张应对能力要求很高。

高铁主要行车工种岗位人员规章制度要求非常严格，在工作过程中要求精力保持长时间的高度集中，而且每一步操作都要求做到准确无误，因而他们产生紧张的情绪状态，如动车组司机。

（二）恐惧应对

高铁主要行车工种岗位人员恐惧情绪主要有来源于工作环境、工作性质、未知情况三个方面。

1. 工作环境

【案例】

2017 年 1 月 6 日 0 时 20 分，小寒节气后的第一天，实时气温零下四度，正是一天当中最冷的时段。××铁路工务段综合维修工区，高铁线路工已经集合完毕，准备去作业。今天晚上主要的工作是对野外路段的道岔进行综合保养，其中包括水平、轨距、高低以及方向等病害的综合整治。山路崎岖，线路工们扛着重型设备前行，沿途观察着周围环境，密切关注蛇虫的出没。

高速铁路线路工长期天窗作业，晚上在野外工作，环境陌生，而且需要走很远的路才能到达工作地点，因此对他们的恐惧应对能力要求很高。

由于野外工作地点距工区比较远，高铁主要行车工种岗位人员要走很远的路才能到达工作地点。野外人迹罕至，时常有蛇、鼠等动物出没，工作环境比较恶劣，因此高铁主要行车工种岗位人员心理上容易产生恐惧情绪，如接触网维修工、电力线路维修工、线路工、桥隧工。

2. 工作性质

⚪ 【案例】

晚上十点，在大雪大风的恶劣天气影响下，供电设备发生故障，变配电设备检修工储师傅发现设备故障问题及时报告，第一时间联系了车站和调度所，携带必要工具材料乘动车组进入故障地点确认故障性质和影响范围，协助故障抢修。但在抢修过程中，需要接触到高电压，存在一定的安全风险。

牵引变电是将电厂传来的 27.5 kV 的高压电转到接触网，由于不同作业网点的机电结构存在差异，存在高压、增压危险，需要逻辑清晰、记忆力强、理解能力好的人作业。配电是向车站、所内照明用电，存在感应电、增压风险，检修时以检测设备故障为主，出现问题整体更换。变配电设备检修工工作时经常接触到高电压，因此对他们的恐惧应对能力要求很高。

高铁主要行车工种岗位人员的工作要求，使他们经常与电打交道，容易接触到高电压，存在高压、高速、高危的风险，对生命安全会产生一定的威胁，因而他们会产生心理上的恐惧感，如接触网维修工、变配电设备检修工。

3. 未知情况

⚪ 【案例】

随车机械师小王在动车组驶出动车所之前，从调度室拿到动车组的钥匙，进行最后一次出库前的检查作业，确认动车组的技术状态正常以后，配合动车组司机把动车开到××站。在行车途中，突然出现不明异物，列车紧急停车，小王立马下车查看，耗时 8 分钟将不明异物清理掉，列车恢复运行。动车一旦在行驶途中发生设备故障，随车机械师会在第一时间进行处理排除，确认安全后动车才能开行，因此对他们的恐惧应对能力要求很高。

高铁主要行车工种岗位人员在列车运行中遇到设备故障需要立即处理，遇到不明异物时也需要立即下车将异物清理，确认安全后动车才能继续前行。人们对未知状况、不明物体等会产生猜测，比较容易产生恐惧感，因此高铁主要行车工种岗位人员心理上会产生对未知异物的恐惧情绪，如随车机械师。

（三）倦怠应对

◎【案例】

列车的安全行驶和正点运行有赖于动车组车载通信设备的优良与正常。作为车载通信设备维修工，必须保证动车组车载通信设备的安全运用，必须加紧对动车组车载通信设备的精心维护。车载通信设备维修工每天的工作主要是车头 CIR 检查、主机柜检查，工作内容单一、重复，车头车尾来回跑。因此对他们的倦怠应对能力要求很高。

高铁主要行车工种岗位人员倦怠情绪主要来自于工作内容。由于工作内容单一、重复带来的身心倦怠的情绪状态，如车载通信设备维修工、地勤司机、地勤机械师、列控车载信号设备维修工等。

（四）孤独应对

◎【案例】

普通火车司机由正司机和副司机两人组成，可以相互提醒。但高铁在行车过程中，只有一个司机。××组动车驾驶室全程只有司机王师傅一个人，行车时不能接打私人电话，不能与人交流，因此对他们的孤独应对能力要求很高。

高铁主要行车工种岗位人员孤独情绪主要来自于工作制度。为了保证注意力高度集中，避免外界干扰，动车组司机驾驶往往都是单人执乘的状态，全程只有一个人操作，在狭小的驾驶室中只能听见自己的声音，容易产生孤独情绪，如动车组司机。

（五）挫折应对

◎【案例】

××动车组担当交路任务时，16 车司机室占用。21:17 左右列车突然紧急制动停车，动车组司机董师傅立刻呼叫随车机械师，随车机械师随即赶到 16 车确认情况。查看 HMI 发现 21:15 报 66B0（ASD强制制动），21:16 报 190B（意外的 BP 压力下降到紧急制动水平）。停车后车上乘客也比较焦躁着急，司机董师傅抓紧时间了解了列车紧急制动停车的原因，操作制动手柄"0C"位，列车管充风后列车制动缓解，21:31 列车重新开车，临时停车 14 分钟。

动车组司机的责任非常重大，任何操作都必须是零失误，不能受到挫折情绪的影响，因此对他们的挫折应对能力要求很高。

高铁主要行车工种岗位人员任务量较多且任务之间的时间间隔较短，他们需要在受到挫折以后，尽可能快速调整自己的状态，更好地投入之后的工作，以免受不良情绪干扰而出现判断失误，如动车组司机。

（六）压抑应对

◎ 【案例】

通常情况下，每一列高铁都拥有两个驾驶室，它们分列在列车的两端，与商务舱共享一节车厢。在这节车厢中，近四分之三的面积由商务舱占据，除去设备，驾驶室里可供活动的范围不足 $2\ m^2$。驾驶室内，只有一把可旋转的靠背椅，周围都是各种环绕着司机的仪表和挡把，因此对他们的压抑应对能力要求很高。

高铁主要行车工种岗位人员压抑情绪主要来自于自身所处的工作环境。由于工作空间狭小、工作压力不断增加和情绪宣泄疏导时间和方式匮乏，因而容易产生压抑情绪，如动车组司机。

（七）焦虑应对

◎ 【案例】

20××年 3 月 6 日上午，记者来到××高铁通信车间网管工区进行探访。推开工区大门，数名通信网管整齐地坐在 14 台电脑前，正对某机务段传输、动环、视频等通信设备实时监控。利用工作间隙，记者采访了这些通信网管。在整个采访过程中，网管工区的电话铃声此起彼伏，整个区域工作气氛十分紧张，这些通信网管总是不停地忙碌着，进行上传下达的工作，既要顾着上级的命令，又要传达给其他高铁职工，容易产生焦虑情绪。

通信网管是高铁通信的中枢神经，他们监控高铁线上的所有通信设备，一旦发生告警，就要立即通知通信工区共同处理，以确保高铁通信安全畅通。如果操作失误或者出现告警没有及时发现，就会导致通信系统故障，影响高铁运输安全。因此对他们的焦虑应对能力要求很高。

高铁主要行车工种岗位人员焦虑情绪主要来自于工作内容。由于需要指挥处理通信设备故障，经常与上下级联系，不断接受和传递各种复杂信息，因而与人沟通时容易产生焦虑的情绪，如通信网管、控制中心信号设备维修工。

（八）郁闷应对

💬 【案例】

轨道车司机由正司机和副司机两人组成，一般两位司机一同执行任务。要求正副司机同时会开车、修车、特种设备操作、物料堆放等。项师傅就是一名轨道车司机，他平时连续工作时间长，无固定班制。20××年1月15日22:00，天气非常寒冷，项师傅收到任务后立刻赶到任务地点。由于行车等级低，在轨道上等待了很长时间，活动范围只能在轨道车上。

轨道车司机的工作内容主要是配合施工需要，运送物料、人员。工作时经常需要等较长时间，在任何时间都会遇到临时转线的情况，无固定驻点，因此对他们的郁闷应对能力要求很高。

高铁主要行车工种岗位人员郁闷情绪主要来自于工作制度。由于行车等级低，工作时需等待的时间长，缺乏归属感，岗位人员工作中无法满足自身成就、受尊重、归属等需要。因而容易产生自卑、弱小以及无能的感觉，同时容易产生郁闷的情绪，如接触网作业车司机、轨道车司机。

第二节 心理适应能力

心理适应能力是指人在面对环境压力时，通过各种反应形式，以对个体或群体有利的变化来对付这种压力，使得个体或群体有更好的生存能力。高铁主要行车工种岗位人员的心理适应能力包括适应时间紧迫能力、适应野外工作能力、适应高电压工作环境能力、适应密闭工作环境能力、适应枯燥工作能力、适应被关注能力、适应负面情绪能力、适应角色冲突能力、适应人际交往能力9个子维度。本节将对心理适应能力的内涵、作用以及高铁主要行车工种岗位人员心理适应能力要求进行详细的讲解。

一、心理适应能力概述

（一）心理适应能力的内涵

心理适应能力，又称心理适应性，指的是个体各种特征互相配合以适应周围环境变化的能力，它是一种综合性的心理特征，如图2-9所示。一个人能否尽快地适应新环境，能否处理好复杂、重大或危急的特殊情况，与个人心理适应性高低有很直接的关系。一般而言，心理适应能力强的人，在碰到各种紧急、复杂、令人恐惧或危险的事物时，仍能安然处之，发挥甚至是超常发挥出自己原有的能力和水平。而心理适应能力较差的人，一旦遭

图2-9 心理适应能力

遇到自己先前未经历过的情况，往往会惊慌失措，紧张万分而不知所为，其行为大为失常，导致许多事情的失败。

（二）心理适应能力的作用

社会的不断发展使得生存的压力越来越大，良好的心理适应能力是适应社会的发展、不断提高自身素质的基础。

每一个人在一生当中面临着一次又一次的"适应"。进入一个新的工作环境、调换到一个新的工作岗位、接触新的同事、迎来新的家庭成员等都需要及时做出调整，转换自己的角色定位。唯有当一个人能够快速地融入自己所处的环境中时，他才能够常常看到生活的笑脸；相反，如果他久久沉陷在往事当中，拒绝适应新的生活，那么他的生活一定是乌云密布。人的一生就是一个不断适应环境的过程。人们生活在这个不可选择的环境当中，就必然会面临很多困难，只有一一适应，才能顺利地度过一生。很多时候，正是那些适应能力强的人，在自然法则下获得了更多的资源，也就是说，相比而言，那些善于适应周围环境、不怨天尤人的人，是占据一定优势的。

想要完美地同自己所处的外在世界相融合，就需要有一个良好的心态，充分认识到适应力的好处，打开自己的心扉，不管是对那些陌生文化，还是对过去的经验，都要有一个自我独立的认识。同时，还需要对未来世界有一个自己的判断，提前洞察事物未来的发展方向，做到"知过去、知现在、有认识、懂将来"。有了这样的心理基础，会促使人们更快地融入一个全新的环境。

二、高铁主要行车工种岗位人员心理适应能力的要求

（一）适应时间紧迫能力

高铁主要行车工种岗位人员适应时间紧迫能力主要来自于时间、责任、操作三个方面。

1. 时间方面

🔘 【案例】

2015 年 12 月 27 日 23:31，电力线路维修工班组组长张某接到通知：机房电缆出了故障，导致动车停止运行，需要紧急维修，要求 20 分钟内出动。张某接到命令以后，立刻安排组员进行事故巡线，尽快发现事故点，进行电力线路维修。

电力线路维修工的工作内容主要是设备维护、巡查检修、电力抢修等。发生紧急事件时，白天要求 15 分钟内出动，夜间要求 20 分钟内出动。整个作业过程，出发前准备作业时需要有条理性，针对紧急

情况把所需的设备、工具带齐。高铁规章制度严格，安全生产压力大，因此对他们的适应时间紧迫能力要求很高。

在面临紧急抢修出动时，由于抢修的时间压力因而需要高铁主要行车工种岗位人员具有较强的适应时间紧迫能力，如高速铁路通信综合维修工、现场信号设备维修工、接触网维修工、电力线路维修工。

2. 责任方面

🌀 【案例】

某动车组在担当交路任务时，随车机械师李×接到司机通知，动车报变压器油流故障，2车受电弓自动降下。李×迅速赶到主控端司机室确认故障，车组牵引界面显示高压锁闭。李×果断开始进行三键复位，在连续两次均无效后接调度通知，李×赶往1、8车司机室进行软件复位，车组恢复正常。终于，列车顺利出发，保证上千名乘客的旅途安全。

随车机械师每天需要通过列车上的电脑查看相关动车的运行数据，确保高铁运行顺畅。一旦出现故障，他们必须快速查看相关数据找出原因，并立即前往事故发生地点进行相应操作将故障排除。随车机械师身上担负着保证整车人旅途顺利、准点到达的责任，所以他们往往要在几分钟的时间内完成分析和决断，因此对他们的适应时间紧迫能力要求很高。

在面临非正常行车时，由于非正常时间的产生，会对乘客造成很大的损失，高铁主要行车工种岗位人员责任重大，需要具备较强的适应时间紧迫能力，如随车机械师。

3. 操作方面

🌀 【案例】

2015年×月×日，××动车组担当某运营交路，18:06正点始发，1车于18:07报6071（运行时方向开关改变）、63AE（运行时钥匙操作开关失效—紧急制动）、63AF（尽管钥匙操作开关没有激活，运行方向设置仍不为0），ATP进入待机状态，18:08车组施加制动停车；

动车组司机发现主控钥匙非占用位置，重新操作钥匙开关，启动 ATP 后车组恢复正常，18:16 开车，临停 8 分钟。

　　动车组司机在动车出现紧急事件时要在最短时间内处理，其间还要接听各方电话，汇报具体情况并传递指令，以及在与列车长和机械师进行沟通处理，负责向调度言简意赅汇报。动车组司机是要求最高、制度最严格的工种，因此对他们适应时间紧迫能力要求很高。

　　在非正常行车状况下，需要在短时间内可以准确冷静地发现问题、处理问题，进而会产生时间上的紧迫感，因此需要较强的适应时间紧迫能力，如动车组司机。

（二）适应野外工作能力

【案例】

　　×铁路工务段，天还没亮，桥隧工余×和工友们就已出发，他们要跋山涉水，给开通不久的兰渝铁路桥梁和隧道"把脉问诊"。早上进隧道前，余×和工友们需要经过一段较为崎岖的山路，并时刻注意蛇、虫出没。工作时，阴暗潮湿的隧道里不透风且含氧量低，时常会让他们吃不消。检查一段时间后，他们必须躲进隧道避车洞里喘口气，因此对他们的适应野外工作能力要求较高。

　　高铁主要行车工种岗位人员适应野外工作能力主要来自于工作环境方面的要求。由于工作内容的要求，他们经常在野外进行作业，野外天气、地形等不确定因素较多，对其心理状态均会产生一定影响，从而影响工作质量，因此提升他们的适应野外工作能力非常重要，如接触网维修工、电力线路维修工、线路工、桥隧工。

（三）适应高电压工作环境能力

【案例】

　　24:00，6 辆作业车在 5 km 的大桥上依次水平排开，姚×和工友开始逐个检查每一台作业车上的设备，他们登上作业车作业平台，加高、加固平台四周的护栏，系好安全带。平台逐步抬升、旋转，尽可能接近接触网。姚×和工友的第一个任务就是把已经偏移的定位底座纠正到规定位置，然后再重新紧固底部螺栓，并在螺栓上涂上胶水，防止螺母松动。除此之外，姚×和工友还要攀爬到接触网金属架的顶端，逐个检查接触网的每个零部件的连接状态，确保螺栓的紧固扭矩全部在规定位置……

接触网是沿铁路线上空架设的向电力机车供电的特殊形式的输电线路。电压等级为 25～30 kV（对地而言）单相工频交流电，电力机车电压均为 25 kV。考虑电压损耗，牵引变电所输出电压为 27.5 kV 或 55 kV，其中 55 kV 为 AT 供电方式。在检查纠正工作中，一旦出现失误，接触网维修工就有生命危险。这就要求其能够在此等工作环境中平稳心态，安全细致作业，因此对他们适应高电压工作环境能力要求较高。

高铁主要行车工种岗位人员适应高电压工作环境能力主要来自于工作环境方面的要求。由于工作内容的特殊性，他们需要在高电压工作环境下完成任务，但高电压较为危险，一旦触碰将会威胁到生命安全。在这种工作环境中，高铁主要行车工种岗位人员心理状态会受到一定影响，从而影响其工作质量的高低。因此提升高铁主要行车工种岗位人员适应高电压工作环境的能力非常重要，如接触网维修工、电力线路维修工、变配电设备检修工。

（四）适应密闭工作环境能力

☁ **【案例】**

动车组司机驾驶室内可活动范围不足 2 m²。动车组司机在驾驶过程中需要在该空间中完成一系列操作，期间需高度集中注意力，单人作业不与外人交流。驾驶室较为密闭，容易引发窒息感；全程精力高度集中会引发疲劳，产生幻觉。因此对他们适应密闭工作环境能力要求较高。

高铁主要行车工种岗位人员适应密闭工作环境能力主要来自于工作环境方面的要求。由于工作环境的要求，像动车组司机等需要长时间在狭小、密闭的驾驶室内工作，而长时间处于这种工作环境会对

65

他们的心理产生一定的不良影响，从而影响工作质量，因此提升其适应密闭工作环境的能力非常重要，如动车组司机、接触网作业车司机、轨道车司机。

（五）适应枯燥工作能力

🌀 【案例】

2017年暑期铁路旅客运输将从7月1日起至8月31日止。为保障暑运动车的安全，在××动车所，有一群人在幕后默默忙碌，为动车进行"体检"和保洁，他们就是地勤机械师，祁×就是其中一员。动车每运行48 h或4 400 km，就要进行一次一级检修。作业内容包括车顶高压系统、车内服务设施、车下走行部以及车体两侧的检修任务。现在的动车，都是每8节车厢为一个动车组，在检修时每5人负责一个动车组。车上2人、车下2人，共4个工作号位，另有一人辅助。1号、2号负责高压设备检查、司机室机能实验、动车组上部设施检查以及故障处理；3号、4号负责车下检查。

小到洗手池、窗帘、座椅，大到车顶受电弓、高压隔离开关……地勤机械师们要对动车上的每一项设备进行仔细检查和维修，并不断向有关人员汇报具体情况。近段时间每晚有8～10个动车组检修，也就代表地勤机械师们要重复一套检查程序8～10次。期间还不能分心闲聊，必须保持注意力集中，因此对他们的适应枯燥工作能力要求很高。

高铁主要行车工种岗位人员适应枯燥工作能力主要来自于工作内容方面的要求。工作内容具有单一、重复的特点，且工作场所固定不变，容易对工作产生倦怠，因此需要具有适应枯燥工作能力，如车载通信设备维修工、列控车载信号设备维修工、地勤司机和地勤机械师。

（六）适应被关注能力

🌀 【案例】

××动车组在担当交路任务时，随车机械师在巡检过程中发现×车报变压器油流故障，调度通知随车机械师赶往2车司机室进行软件复位。在此过程中，随车机械师受到同事和乘客等的高度关注。

随车机械师长期在列车上工作，连续工作两天，每两个小时对车辆巡检一次，走动距离较长，路过所有乘客，因此对他们适应被关注能力要求很高。

高铁主要行车工种岗位人员适应被关注能力主要来自于外部工作环境方面的要求。在紧急非正常行车状况下，会受到来自社会、领导、同事、乘客等的高度关注，但同时仍需准确冷静处理问题，因此提升其适应被关注的能力非常重要，如动车组司机、随车机械师。

（七）适应负面情绪能力

【案例】

在××线开通前，网管中心的通信网管几乎没了节假日，加班是常态。为了确保开通后通信设备万无一失，通信人员反复调试设备，大力消除设备隐患。网管中心负责配合机房设备调试，电话铃声此起彼伏，业务交流话音不断。网管和现场人员密切配合，将通信设备调试到最佳状态。通信网管面对海量告警信息，坚持做到及时查看，逐条排查，绝不错漏一条。

高铁主要行车工种岗位人员适应负面情绪能力主要来自于工作内容方面的要求。由于需要指挥处理通信设备故障，经常与上下级联系，与人沟通时容易产生焦虑等负面情绪，如通信网管、控制中心信号设备维修工。

（八）适应角色冲突能力

【案例】

王×今年43岁，2017年春运是他执守的第21个春运。早上5:30，他已经收拾好行囊，整装待发。2012年，经过一系列选拔考试，他成为一名动车组司机。他驾驶的车型越来越先进，车速也越来越快，可他却越来越小心谨慎。从接班开始到换班的4个小时内，他一刻都不能放松对自己的要求。对王×来说，动车组就是另一个移动的家。21年来，他从没在自己家里过过一个春节，就连女儿出生，他也没有请假回家。与家人的聚少离多，导致他没有时间陪伴孩子、妻子和父母，家人对其也有些许怨言，王×心中很是愧疚。

因此对动车组司机的适应角色冲突能力要求很高。

高铁主要行车工种岗位人员适应角色冲突能力主要来自于工作性质方面的要求。由于工作性质和工作内容的要求，面临较多工作、家庭角色冲突的问题，因此，提升他们适应角色冲突能力非常重要。

（九）适应人际交往能力

【案例】

陈××进行区间作业时，根据上级调度命令，输入相关参数，并进入车间作业模式。此次作业是多台车编组运行，调度命令由陈××接受并传达到每位补机司机。作业中，陈××接到作业组负责人命令需要移动车辆，他与各作业机构和各作业人员确认他们都处于安全位置后，才移动车辆。作业人员在作业平台上控制车辆移动时，取得上级操作权限后，还需要与陈××做好安全联控。一趟任务下来，陈××不断与各方人员进行沟通交流，对信息进行吸收和转化，接受命令、传达命令。因此，对陈××的适应人际交往能力要求较高。

高铁主要行车工种岗位人员适应人际交往能力主要来自于工作内容方面的要求，具体来说有以下三点。（1）工作需要经常与乘客打交道，因此需要有较强的适应人际交往能力，如随车机械师。（2）在指挥处理通信设备故障时，经常需要与上下级沟通联系，因此需要有较强的人际交往能力，如通信网管和控制中心信号设备维修工。（3）配合施工时经常需要与其他工种进行沟通协调，因此需要具有较强的人际交往能力，如接触网作业车司机和轨道车司机。

第三节 认 知 能 力

认知能力是指人脑加工、储存和提取信息的能力。高铁主要行车工种岗位人员的认知能力包括注意力集中能力、逻辑判断能力、手眼协同能力、学习能力、注意力分配与转换能力、作业平稳能力、协作配合能力、故障描述能力8个子维度。本节将对认知能力的内涵、重要性以及高铁主要行车工种岗位人员认知能力的要求进行详细阐述。

一、认知能力概述

（一）认知能力的内涵

认知是指通过心理活动（如形成概念、知觉、判断或想象）获取知识，习惯上将认知与情感、意志相对应。认知是个体认识客观世界的信息加工活动，感觉、知觉、记忆、想象、思维等认知活动按照一定的关系组成一定的功能系统，从而实现对个体认识活动的调节作用。在个体与环境的作用过程中，个体认知的功能系统不断发展，趋于完善。

认知能力是指人脑加工、储存和提取信息的能力，即人们对事物的构成、性能、与其他事物的关系、发展的动力、发展方向以及基本规律的把握能力，是人们成功完成活动最重要的心理条件。

（二）认知能力的作用

认知能力是指人们成功完成某种活动最基本的心理条件。对于高铁主要行车工种岗位人员来说，认知能力是其心理品质的综合体现和工作技术水平的基础，也是顺利完成任务、保证高铁安全运行的核心要素。随着技术的发展和设备的完善，高铁的机械稳定性和可靠性有了显著的提高，同时也对高铁主要行车工种岗位人员的认知能力提出了更高的要求。高铁主要行车工种岗位人员必须在短时间内完成大量信息加工并做出正确判断和决策，其中任何一种信息出现了延误处理，就会大大增加决策失误的风险，此种工作模式使高铁主要行车工种岗位人员的工作方式从传统的体力型向认知、监控型转变，这种转变大大增加了高铁主要行车工种岗位人员的心理负荷，并对其在作业过程中的信息加工、记忆和逻辑思维等认知能力提出了更高的要求。认知能力如果达不到客观标准，就会增加铁路事故的潜在风险。

二、高铁主要行车工种岗位人员认知能力的要求

（一）注意力集中能力

注意力集中能力是指一定时间内注意力始终指向同一活动或对象的能力。高铁主要行车工种岗位人员注意力集中能力主要来自于工作内容方面的要求，具体来说有以下两点。

（1）在进行设备维护、检修等工作时，要求认真、耐心、细致，因此需要有较强的注意力集中能力，如高铁通信综合维修工、现场信号设备维修工、电力线路维修工、变配电设备检修工、线路工、桥隧工、地勤司机、地勤机械师、随车机械师、接触网作业车司机、轨道车司机。

（2）在进行数据管理、运用和分析时，不可出丝毫差错，因此需要有较强的注意力集中能力，如通信网管、控制中心信号设备维修工。

【案例】

中秋节当晚，几个身影正在某铁路站场紧张忙碌着。车间副主任陈××，带领着几名高铁线路工在这里进行线路、道岔的检查作业。国庆7天长假，高铁列车开行增量，他们需要在当晚利用近5个小时的夜间天窗时间，对850 m的线路和6组道岔进行设备检查，以确保高铁运行的安全。"轨距减1、水平0"陈××在不远处手握道尺，每隔3 m左右，就将道尺放在钢轨上测量轨距，并向身边的同事进行测量读数。850 m的线路，陈××要弯腰近300次。工作人员推着轨检仪进行检查，每走十几米，他们都会调出标准数据进行仔细核对。为了防止误差，他们一般都会多检查几次，以确保数据的准确。

在日常工作中，高铁线路工要对所负责维护的线路进行经常性巡视和定期检查，这是高铁线路工的重要工作内容，是保证高铁安全运

行的关键。在对线路巡视检查的过程中，高铁线路工要高度集中注意力，仔细检查线路的道岔、钢轨、轨枕等设备，以保证能够及时发现可能存在的一切隐患，并制订维修和养护方案。

（二）逻辑判断能力

逻辑判断能力是指运用知识、经验等对事物本质或异常情况进行分析、判断、推理的能力。

高铁主要行车工种岗位人员逻辑判断能力主要来自于工作内容方面的要求。在发生故障时准确判断故障原因，因此需要较强的逻辑判断能力，涉及的人员有高速铁路通信综合维修工、现场信号设备维修工、电力线路维修工、变配电设备检修工、随车机械师等。

🌐 【案例】

中午，某辆列车进路后，控制台已有光带显示。但信号复示器不亮绿灯，信号灯非正常现象会影响车辆的正常运行。发现故障后，现场信号设备维修工王××立即跑向工作台进行检查。确认具体问题后，王××迅速分析出此类故障的原因可能是 XJ 自闭回路故障或点灯电路回路没有沟通等。他先是在分线盘上挂一只 15 W/220 V 的灯泡，发现灯泡点亮，此时控制台上的信号复示器也点亮了，说明室内的联锁条件都已满足，联锁电源已送到分线盘。王××通过该现象便确认了故障是在室外并快速采取解决措施，信号复示器恢复正常工作。王××表示平时的培训、应急知识的考试、事故案例的学习以及经验的总结，已经在他心中形成了一种牢固的印象，有任何问题出现，他都能快速反应。

现场信号设备维修工面临的问题多种多样，不同的故障发生的原因都各不相同，出现问题时，需要其冷静分析和判断，才能找到问题的根源。因此对他们的逻辑判断能力要求较高。

（三）手眼协同能力

手眼协同能力是指在高空作业时，保持手到眼到、手眼同步作业的能力。高铁主要行车工种岗位人员手眼协同能力主要来自于工作内容方面的要求，具体来说有以下四点。

（1）在道上作业时由于天窗点夜间视线不好，因此需要高铁主要行车工种岗位人员具有良好的手眼协同能力，如高速铁路通信综合维修工、现场信号设备维修工、线路工。

（2）高空作业时需要高铁主要行车工种岗位人员具有良好的手眼协同能力，如接触网维修工、桥隧工。

（3）在紧急情况时搬异物、登车顶、钻车底等情况需要高铁主要行车工种岗位人员具有良好的手眼协同能力，如随车机械师。

（4）工作需要手动驾驶动车时，需要高铁主要行车工种岗位人员具有良好的手眼协同能力，如地勤司机。

【案例】

凌晨，陈××开动了动车组，他要将刚刚通过检查的列车从检车线上开出，挪到旁边的存车场等待天亮后开行。"车门关闭，关门灯亮，计划正确，准备好了"，话声刚落，陈××开启了他新一轮的停车任务。

陈××是一名高铁地勤司机，他的工作形象地说就像是高铁的"泊车员"。但是他只在夜间工作，上半夜要把动车组接入库内给相关人员检修整备，下半夜要把动车组一趟趟状态良好地送出去。平时开车的人都知道，停车是项技术活儿，停高铁更是如此。在陈××所在的动车基地，每晚会有 80 组高铁停靠，这些车辆之间最近的距离不过 20 m。为了安全，地勤司机开车速度不能超过 15 km/h。停车路线中还会有很多弯道和道岔，对地勤司机的瞭望影响很大。陈××需要将视线集中在前方，观察地形，并在视觉的配合下，灵活调配手脚部位进行相关车辆操作，才能顺利完成手动停车任务。因此，对地勤司机的手眼协同能力要求较高。

（四）学习能力

学习能力是指以快捷、简便、有效的方式获取准确知识、信息，并将其转化为自身技能的能力。高铁主要行车工种岗位人员学习能力主要来自于工作内容方面的要求。高铁设备升级较快、型号较多，因此需要有较强的快速掌握新技术、新知识的学习能力，如车载通信设备维修工、列控车载信号设备维修工、动车组司机、轨道车司机、接触网作业车司机。

◎ 【案例】

陈××是高铁工务段综合维修车间的一名轨道车司机。身为一名轨道车司机，他始终对自己有着较高的要求，特别是在专业学习上，他肯吃苦、能吃苦，对各种型号轨道车的各个细节都非常了解，他还锐意创新，发明的多项新技术被单位应用推广，为路局的安全生产、经营创效做出了自己的贡献。

陈××担当轨道车司机已经 22 个年头，在这期间轨道车技术不断更新，他始终没有停下学习的脚步。为了提高业务技能，他把更多的时间用来学习轨道车相关知识，积极参加各项培训。在 22 年间，轨道车的发展与升级从未停止，走行部、动力系统、传动系统、控制及仪表盘显示系统、制动系统、电气元件都经历过多次更新换代，每一次升级都需要轨道车司机去重新熟悉以保证行驶安全与检修质量过关，而陈××永远都是第一个完全掌握的轨道车司机。工作闲暇时，他总是闲不住，总是对照着轨道车上容易发生故障的部位，分析故障发生的原因，并记录在自己的笔记本上。出车时，他又经常琢磨如何在不同路况上更好地驾驶轨道车，如何在应急情况下处理故障等问题。多年来，他将所学的理论知识与现场实际相结合，无论是从故障处置上，还是在技术改造上都取得了骄人的成绩。在路局的工务系统轨道车司机全能项目技术比武中他多次摘得桂冠，多次荣获路局"技术标兵"称号。

（五）注意力分配与转移能力

注意力分配与转移能力是指在驾驶过程中可以保持注意力集中，同时可以分配注意关注多个目标的能力。高铁主要行车工种岗位人员注意力分配与转移能力主要来自于工作内容方面的要求。在驾驶过程中既需要保持注意力集中观看仪表等，又需要分配注意力同时关注多个目标瞭望前方等，因此需要较强的注意力分配与转移能力，如动车组司机。

【案例】

动车驾驶室内，透过180度全景车窗可以看到，伸向天边的高压线架和伸向远方的铁轨，头顶的蓝天和铁轨两旁被白雪覆盖的土地。在这样惬意的美景中，动车组司机刘××却没有心思欣赏。在他的面前是180度全景前挡玻璃、宽大的电子仪表操作台、无数个指标参数，以及各式各样的按钮和开关。整个列车所有的设备都在司机的界面上显示，一旦出现故障，司机必须快速发觉并采取措施。

他一边专注地看着前方，一边做手势、说口令，操作着面前仪表盘的各种按钮，演绎着无人欣赏的"手舞足蹈"。"速度180""速度185""速速190"……一句句响亮的话语从刘××口中传出。约30分钟行程里，刘××打了近百个手势，同时还要监控前方轨道，根据信号调整速度。刘××注意力集中于前方道路的同时还要兼顾各种设备数据的观察，不容一丝差错。因此，对动车组司机注意力分配与转移能力的要求较高。

（六）作业平稳能力

作业平稳能力是指在长时间重复作业状态下，保证作业正确性、完成量以及作业过程的能力。高铁主要行车工种岗位人员作业平稳能力主要来自于工作内容方面的要求。一次交路时间较长，需要在长时间重复作业状态下，保证作业正确性、完成量以及作业过程，因此需要较强的作业平稳能力，如动车组司机。

【案例】

动车组司机在长时间的行车作业过程中，面对复杂多变的环境以及与行车调度人员的长时间沟通，记录、执行调度命令等，使得其复杂反应能力、瞬时记忆力、学习能力、速度预测能力都有所下降，需要努力克服。司机们在长时间行驶中始终要做到起车快、调速稳、停车稳准运行。其中还要控制动车组贴线运行（在动车组允许运行速度下，保持列车限速值匀速运行），这个难度就好比一个人徒手画一条10 m长的直线不许歪斜。因此，对他们的作业平稳能力要求较高。

（七）协作配合能力

协作配合能力是指组内成员相互配合、协调的能力。高铁主要行车工种岗位人员协作配合能力主要来自于工作内容方面的要求。需要小组一起作业的工种组内成员相互配合、协调的能力尤为重要，如接触网维修工、电力线路维修工、变配电设备检修工、线路工和桥隧工。

【案例】

七月骄阳似火，烈日当头，晒得人们都喘不过气。再加上岔枕是沥青煮过的，气味浓重，熏得人们眼睛都睁不开。线路工一般每两人一个小组，八点就开始了热火朝天的战斗。李××跟董××分配在一组，两人个头都不高，但干活劲头大，生怕落在别人后面。班长分配给他们更换11根岔枕的任务。他们首先把12号道岔岔枕下的石碴挖开，把道钉拔掉，然后两人用力拉下路肩，把预先计算好的岔枕放上去，钉道钉，用洋镐夯实。两人配合得十分默契，反复着同样的工作，效率很高。

线路工任务重，修铁路用的都是笨重的工具，一般单人无法完成作业，需要组员相互帮助和配合才能进行工作。因此，对他们的协作配合能力要求较高。

（八）故障描述能力

故障描述能力是指通过观察，运用语言准确描述事物状态和特征的能力。高铁主要行车工种岗位人员故障描述能力主要来自于工作内容方面的要求。对于直接在列车上工作的工种，一旦发生非正常行车等紧急情况，就需要对故障情况进行及时、准确的上报，因此通过观察，运用语言准确描述故障状态和特征的能力非常重要，如动车组司机和随车机械师。

【案例】

"李××机械师，2 车辅变丢失！"随车机械师李××手上的传呼机传来紧急通知，接到动车组司机呼叫，李××边回应边跑向司机室，与检查监控器确认是 6595 故障后，李××立即到达故障车厢，此时 2 车厢只剩应急照明，车上乘客还未察觉到异常。李××合上跳闸的开关又复查了一遍后，发现故障信息并未消除。李××立刻进行紧急汇报。"现在我们的动车组，运行到××区间，2 车报出辅变故障，已经对 2 车的辅变的空开进行复位，现在故障无法消除，请指示！"汇报简洁明了。应急指挥中心人员了解故障情况后，迅速做出指示——空开复位无效，去拿笔记本进行软件复位。接到指示后，李××始终未挂断手机，边操作边不断地与应急指挥工作人员进行汇报和交流。"开启维护模式""维护模式已开启""显示正确连接""进行软件复位操作""复位成功""辅助电源供电正常"。话音刚落，高铁广播"列车前方到站，本次列车终点站××车站……"响起，动车故障恢复完毕，完美解决了一次紧急故障。

第四节　工作价值观

一、工作价值观概述

（一）工作价值观的含义

工作价值观是人们依据社会和自身需要对待工作本身、工作行为和工作结果时的一套具有概括性、稳定性及动力作用的心理系统，它能更好地解释与预期员工在工作环境下的独特个性与行为表现，如图 2-10 所示。高铁工作价值观是指高铁职工在从事工作活动时所体现出的与工作相关的态度、判断标准、总体评价等价值偏好。

（二）工作价值观的作用

不同的职业、不同的行业，都有其特定的工作原则和岗位的具体要求，由此形成的工作价值观用以调节职工在职业活动中的行为以及所遇到的各种利益关系，即一方面调节行业内部的各种利益关系，另一方面它也能调节企业与社会以及与行业之间的利益关系。对于高铁职工而言，可以通过工作价值观的引导，提高他们对"人民铁路为人民"宗旨以及一些具体规范和要求的认识，树立崇高的职业理想和职业信念，从而全面提高职工的思想道德素质，培育一支能够适应社会主义现代化建设以及铁路改革发展需要的"四有"职工队伍。

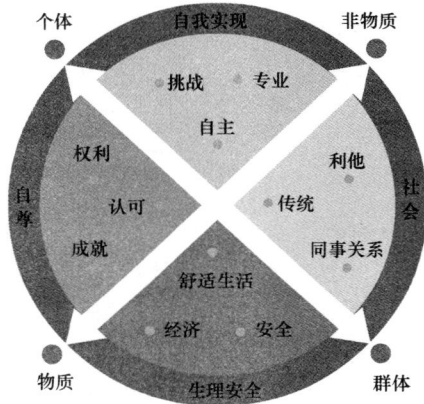

图 2-10　工作价值观

此外，工作价值观不但赋予人们共同的目标、理想、志向和期望，使人们心往一处想，劲往一处使，成为具有共识、同感的人群结合体，而且给人们提供了一套价值评价和判断的标准，使人们知道怎样做是正确的、怎样做是错误的，不仅能避免大量矛盾的发生，而且即使出现某些矛盾和冲突，也会积极、主动地设法解决。

二、高铁主要行车工种岗位人员工作价值观要求

铁路是国民经济的大动脉，具有高度集中和半军事化的特点，高铁职工的职业思想和职业行为关系到国民经济的稳定发展、人民群众生命财产的安危以及铁路企业自身的利益。高铁时代的来临，标志着中国铁路已走向世界前列。因此构建高铁主要行车工种岗位人员的工作价值观，对于激励职工、凝聚合力、树立形象、提升核心竞争力，以及促进高铁又好又快发展具有重大意义。高铁主要行车工种岗位人员的工作价值观主要包括爱岗敬业、遵章守纪、服从指挥、按标作业和奉献精神等五方面。

（一）爱岗敬业

1. 爱岗敬业的含义

爱岗敬业是爱岗与敬业的总称，就是热爱自己的工作岗位，并对自己所从事的工作怀着珍惜和敬重，甘于为之付出和奉献，从而获得

一种荣誉感和成就感。爱岗和敬业，互为前提，相互支持，相辅相成。爱岗是敬业的基石，敬业是爱岗的升华。爱岗敬业是一个人立足企业的基础，也是一个人事业成功的基石，如图2-11所示。

2. 爱岗敬业的重要性

爱岗是做好工作的前提，一个人只有热爱岗位，恪尽职守，全身心地投入到工作中，才能把工作做好，并不断地发挥自身潜能，实现自我价值。爱岗敬业不仅是个人生存和发展的需要，也是社会存在和

图2-11 爱岗敬业

发展的需要。它既是社会对从业者的基本要求，也是从业者从事职业活动的基本准则。正因其可贵，才使得无论是企业、公司，还是国家机关、事业单位，都渴望得到爱岗敬业的人才。

【案例】

王德明是郑州北车辆段洛阳东运用车间检车员。他担当检车任务的陇海线郑州至洛阳区段日均通过列车达到145对，是世界铁路列车通过密度最高的区段之一。作为一名退转军人，他30岁进入铁路后，面对重新学艺的困难和挑战，始终保持军人的优良作风，一心扑在工作上，刻苦学习，以永不言败的精神，创造了骄人的业绩。王德明立足本职，践行爱岗敬业精神，在平凡的岗位上为推进和谐铁路建设做出了不平凡的业绩，成为每一名车辆部门职工学习的榜样。高度的责任感，认真、主动的工作态度，刻苦学习、潜心钻研的"螺丝钉"精神，让王德明成为技术能手，立足岗位做出了不平凡的业绩，也展现了新时期高铁职工爱岗敬业的精神境界。

3. 爱岗敬业的基本要求

1）端正态度，树立职业荣誉感

工作是个体与社会发生联系的重要纽带，同时工作也是每个人实现自我的必由之路。有什么样的工作态度，决定了有什么样的工作业

绩。高铁职工应该具有一种使命感和责任感，端正自己的工作态度，正确认识高铁工作的重要性，要爱路如家，坚守自己的岗位，忠于自己的岗位。每位职工的工作行为都会牵动甚至决定了成千上万，乃至更多人的生命安全。在高铁工作的每位职工都值得每个人尊重和感激，他们日日夜夜、默默无闻的付出和奉献是为了排除隐患，确保人民的安全和国家的安危。

2）忠于职守，热爱本职

忠于职守，热爱本职是国家、社会、企业对每一个职业从业人员最起码的道德要求，也是铁路人敬业精神的集中体现。岗位职责是高铁职工做好本职工作的基本要求，也是评价或考核工作成绩的基本依据，更是每个高铁职工对国家、对人民必须履行的义务。高铁职工不但要忠实地履行岗位职责，认真做好本职工作，而且要努力培育干一行、爱一行的价值观。

3）安心工作，任劳任怨

铁路具有点多线长、流动分散、全天候露天作业的工作特点。有些职工需要远离集体独立作业，沿线饮水、吃饭、洗澡、就医、子女入学入托都比较困难，文化生活单调，这就要求高铁职工必须不怕困难，吃苦耐劳，安心本职，甘于寂寞，在"急、难、险、重"任务面前知难而进。要持有"既来之则安之"的工作态度，又要怀有"我是一块砖，哪里需要往哪搬"的工作精神。

（二）遵章守纪

1. 遵章守纪的含义

遵章守纪是指高铁职工在从事各自的职业活动中，严格遵守本岗位的规章制度，执行标准化作业，严格遵守工作中的各项纪律，一丝不苟地完成生产作业，自觉维护路风路誉的行为。它包括遵章和守纪两层意思。所谓"遵章"，实质上就是尊重客观规律。因为高铁运输生产中的法律法规、规章制度是运输生产中客观规律的反映，它既是高铁职工在铁路运输生产实践中经验的结晶，也是高铁运输生产过程中历次重大事故血的教训的凝结。所谓"守纪"，就是要求高铁职工遵守纪律，实行标准化作业，不允许有违反规定的行为发生。

2. 遵章守纪的重要性

1）遵章守纪是保证安全的前提与基础

铁路是大众化的交通工具，是公共安全的重要领域，铁路运输安全是公共安全的组成部分；铁路运输安全牵动千家万户，关系公众的生命财产安全和切身利益。加强运输安全工作，确保人民群众生命财产的安全，是铁路运输生产的首要任务。运输安全是铁路各项工作的前提，安全第一的位置在任何情况下都不可动摇。因此，高铁职工必须深刻认识到确保运输安全的重大意义，自觉做到遵章守纪，这是建设和谐铁路、构建和谐社会的内在要求。

2）坚持遵章守纪，是高铁职工切身利益的需要

铁路企业具有"高、大、半"的特点，是一个高度集中、半军事化的大联动机。铁路运输的生产过程，是通过联劳协作完成的，牵涉各个不同的业务部门、不同的工种、不同的岗位。正所谓"一处不通影响一线，一线不通影响一片"，高铁职工各尽其职，协调动作，环环相扣，才能实现安全有序，保证自己和他人的切身利益。

3. 遵章守纪的基本要求

1）严守纪律，令行禁止

"严字当头，铁的纪律"，是铁路管理的一大特色，也是运输安全有序的重要保证。在铁路运输生产过程中，每名职工必须严格按照各项规章制度的要求，一丝不苟地遵章作业；必须严格执行调度命令和调度计划，不能用任何借口拒不执行；必须严格执行规章制度，按标准化作业，一点不差；必须从运输全局出发，坚决服从集中统一指挥，相互支持，密切合作，不能各自为政、一盘散沙，更不能人为制造障碍，影响全局利益；还要像军队一样，服从命令，听从指挥，有令则行，有禁则止，用严密的职业纪律确保完成时代赋予的任务。

【案例】

1978 年 12 月 16 日，由西安开往徐州的 368 次旅客列车按运行图规定，应在东陇海线杨庄车站停车 6 分，等待由南京开往西宁的87 次旅客列车通过。但由于 368 次旅客列车车上工作人员思想意识

麻痹，违章操作，司机、副司机在行车中打盹睡觉，运转车长擅离岗位，当列车进入杨庄车站后，没有停车，继续以40 km/h的速度前进，冒进关闭的出站信号机43 m，在1号道岔处与正在以时速65 km进站通过的87次旅客列车机后第6位车厢侧面冲突，造成87次列车机后第6、7、8、9位4辆客车颠覆，第10位客车和368次机车脱轨。最终导致旅客死亡106人、重伤47人、轻伤171人；机车中破1台、客车报废3辆、大破2辆；中断正线行车9小时零3分；直接经济损失100多万元。

2）认真学习法律法规和铁路规章制度

铁路法律法规和规章制度，是对铁路运输安全客观规律的总结，是铁路运输多年来生产实践经验和教训的总结，是铁路运输安全的制度保障。每个高铁职工都应该认真学习法律法规和规章制度。

只有平时在工作中坚持做到"按章操作一丝不苟，标准用语一字不差"，作业中"多想一点，多问一句，多看一眼，多跑一步"，眼到、手到、心到；只有平时在工作中时刻严格要求自己，凡是职业纪律要求的，就要不折不扣地执行；凡是职业纪律禁止的，坚决不要去做，才能养成自觉遵守规章、严格执行标准化作业的良好习惯，确保安全，万无一失。

（三）服从指挥

1. 服从指挥的含义

所谓服从指挥，即服从命令、听从指挥，是指对上级下达的指令和任务欣然接受，毫无怨言，严格按照指挥进行操作，全力以赴贯彻执行，具有纪律性。服从是有效执行的基础，是有效执行的第一步。职工学会服从，才能保障各项工作做到有效执行。由于铁路具有"半军事化管理"的特点，高铁职工在工作中也要像军人一样以服从命令、听从指挥为天职，始终将其作为工作价值观的内容之一。

2. 服从指挥的重要性

1）岗位职责所在，彰显优良品质

服从指挥对于高铁职工而言是岗位职责的基本要求，也是其处理职业利益关系的基本原则。高铁所涉及的利益是多方面、多层次的，高铁职工在值乘中，当遇到不同层次、不同方面的利益冲突时，就需要按照服从岗位职责、上级命令和路局指挥为原则进行处理，避免为了眼前利益忽略长远利益，为了个人不顾大局的现象。

只有具备服从品质的人，才会在接受命令之后，更好地发挥自己的主观能动性，想方设法完成任务，即便是无法完成任务也绝不找借口推脱责任。有效的执行是建立在绝对服从的基础之上的，没有服从就没有执行。

2）铁路优良传统，利于事业发展

由于高铁本身由许多系统、单位和部门组成，运输生产的整个过程是由各部门多工种协调动作。铁路多年来之所以快速发展，多次成功实施大面积提速以及日益受到人民群众的追捧和喜爱，是因为大联动机的任何一个系统、部门、岗位几乎不会各自为政或者擅自行动，每位职工坚守自己的岗位，严格要求自己服从命令听从指挥，避免造成"一处不通影响一线，一线不通影响一片"的严重后果。

3．服从指挥的基本要求

1）树立全局观念，服从并执行

铁路是国民经济的大动脉，促进国民经济又好又快发展是铁路工作的大局，每个高铁职工都要在这个大局下行动。高铁职工要坚持大局第一，站在全国经济建设这个大局的高度，充分认识上级根据国家经济建设的需要，要求各铁路局按计划完成排空保重的任务，是从大局出发的，是有益于铁路的发展的。

"空谈误国，实干兴邦"，广大高铁职工在强调服从全局的同时，更重要的是要执行、实干、自觉挖潜、扩能、增效，为服从、保证、促进大局创造条件，多做贡献。唯有实干，才能解决问题，才是硬道理。

2）不推诿、不扯皮、敢担当

高铁职工从事的是一项辛苦而有挑战的工作，他们不仅需要具备能力、耐心、恒心等品质，而且需要有过硬的思想和高度的觉悟。高铁职工是旅客安全的护卫军，是人民群众方便出行的保障者，是国家经济发展的推动者。当前，我国铁路正处于深化改革的关键时期，铁路人面临严峻的考验和诸多困难，作为铁路领军人物的高铁职工应当坚决服从指挥，弘扬担当精神，敢作为，坚决避免作风不硬、认识不清、推诿扯皮、不作为现象。

【案例】

赵勇是西安铁路局西安供电段华山供电车间的一位接触网维修工（如图 2-12 所示）。赵勇毕业后，进入铁路供电系统工作，他熟练掌握接触网操作工艺、检修标准，拥有丰富的班组管理和接触网工作经验。他始终保持着高度的工作热情，乐于奉献、服从命令、听从指挥。2013 年 12 月，大西客专线开通前平推检查，要求相关供电车间前去支援，得到消息后他二话没说，带领车间 10 余名职工积极参战，历时两个月圆满完成预定平推检查任务。17 年来，赵勇始终坚持在生产一线，兢兢业业，听从上级指挥、服从命令，为保障安全供电积极贡献自己的力量。

图 2-12　接触网维修工高空作业

（四）按标作业

1. 按标作业的含义

所谓作业标准化，是指在作业系统调查分析的基础上，将现行作业方法的每一操作程序和每一动作进行分解，以科学技术、规章制度和实践经验为依据，以安全、质量效益为目标，对作业过程进行改善，从而形成一种优化作业程序，逐步达到安全、准确、高效、省力的作业效果。

高铁中的标准化作业即按标作业，它是新时期对职工的要求，指的是高铁职工遵循各种标准和流程实施作业，高标准地遵循岗位职责和作业标准，严格执行规章，确保铁路安全。

2. 按标作业的重要性

随着高速铁路建设,铁路的管理体制和运输生产力布局发生了深刻的变化,铁路的技术装备现代化实现了重大跨越,高铁多次实现大面积提速。适应新体制、新布局要求的安全管理体系、运行机制基本形成。铁路线路的技术管理、各专业的技术标准和规章制度都进行了修订与完善。新设备、新技术的运用,新运行图的实施,形成了新的技术标准体系、新的安全管理制度与办法,这些都体现在新的规章之中。高铁职工只有熟悉各工种的作业标准、作业流程,在工作中自觉按标作业,才能保证铁路运输的安全。

3. 按标作业的基本要求

1)执行规程不动摇

执行规程不动摇,就是要求高铁职工严格按照铁路规程办事。规程包括单位制定的一些作业标准。职工平时要自觉努力学习专业知识,多看规章制度,对规章制度不仅要做到熟记于心,还能体现于行;不仅要知其然,还要知其所以然。将"要我学"彻底改变为"我要学"。此外在工作中杜绝"三贯问题",把标准化作业作为主体。

2)执行纪律不走样

执行纪律不走样,就是要不折不扣地严肃执行各种路局、段、车间规定,彰显纪律的严明性。安全的规章制度是通过施加外来约束达到纠正行为目的的手段,是对自身行为起作用的内在约束力。有些路局每月安全考核,纳入月度安全质量考核中,其主要目的就是如此,考核只是手段。执行纪律不走样,就是不能阳奉阴违、言行不一、有令不行、有禁不止,不打"擦边球",坚决杜绝"形式主义"。

💿 【案例】

×××次货物列车行驶至侯月线磨滩—盘古寺间下行线K198+975处,与前方防止路外伤停车的××××次列车(两台单机重联)发生冲突,造成货物列车本务机车脱轨。机车小破2台,无人员伤亡,中断侯月下行线行车6小时54分,构成行车大事故。该事故系单机高速运行中紧急制动停车,自动撒沙造成自动闭塞分区轨道电路分路不良。从主观上讲，防止路外伤停车的××××次列车乘务员安全意识淡薄，不认真执行《车机联控作业标准》，列车在区间被迫停车时，没有及时呼唤车站值班员和追踪列车司机；没有及时向两段车站报告停车原因和准确停车位置。可见，乘务员没有按照作业要求去做，擅自简化作业流程，负有不可推卸的责任。

（五）奉献精神

1. 奉献精神的基本含义

奉献是一种真诚自愿的付出行为，是一种纯洁高尚的精神境界。奉献，既是做人的基本品质，又是个人全面发展的内在要求。对绝大多数高铁职工来说，奉献是日复一日、年复一年的岗位实践。奉献精神是不计较个人得失，对自己的岗位事业全身心地付出，是毫不利己、专门利人，是集体精神的具体体现，是一种忘我、大公无私的精神。

2. 奉献精神的重要性

1）是继承铁路光荣传统的需要和鼓舞铁路人斗志的精神力量

我国国土面积辽阔，自然条件差异大，相当多的铁路人要远离繁华的都市，分散在各地，担负着繁重辛苦的工作。在市场经济体制下，铁路焕发出强大的生机与活力，但与其他行业相比仍存在许多不足和差距。在新的形势和条件下，铁路事业是充满艰辛与创造的伟大事业。在这样的条件下，弘扬艰苦奋斗、甘于奉献的精神，可以催人奋进，给人以勇敢、智慧和力量，战胜一切困难。

2）是建设和谐铁路的需要，是党和人民的殷切希望和要求

目前，我国铁路正处于黄金机遇期，发展形势好。在党中央和各级政府的大力支持下，我国迎来了期待已久的高铁时代。发达完善的铁路网建设正在又好又快地向前推进，铁路技术装备现代化实现了重大跨越。建设和谐铁路，使命光荣，任务艰巨。在此情况下，为了人民，为了社会，为了国家的美好未来，高铁行车工种岗位人员的奉献精神显得尤为重要。

3. 奉献精神的基本要求

1）始终坚持把国家和人民利益放在首位

维护国家和人民利益是铁路人义不容辞的责任；国家利益至上、人民利益高于一切始终是铁路人高擎的旗帜。只有始终坚持这一原则，才能真正完成国家赋予铁路的神圣使命，才会不辜负人民群众的热切期盼。每一名高铁职工要正确处理好眼前利益和长远利益、具体利益与根本利益、个人利益与国家和人民利益的关系，自觉把个人的前途与国家的前途命运紧密联系起来，把个人的工作与人民的幸福生活紧密联系起来，把个人的发展进步融入建设国家、服务人民的伟大实践，时时处处以维护国家和人民利益为己任。

2）全力以赴完成本职工作

铁路事业是伟大的，而每一个职工的岗位是平凡的；铁路建设成就是巨大的，而每一个职工的工作往往是单调的。这就要求每位高铁职工以献身事业、不计名利的精神对待本职工作，把智慧和汗水融入日常工作中去；要求高铁职工具有高度的责任感，深刻认识和把握本职工作对铁路事业、对人民群众、对社会应该履行的职责义务，具备在本职岗位上踏踏实实、兢兢业业的工作态度和任劳任怨、不计个人得失的道德风范；要富于献身精神，勇于为人民的利益作出牺牲，甘于"吃亏"，发扬"先天下之忧而忧，后天下之乐而乐"的精神，吃苦在前，享受在后。

⬤ 【案例】

全国劳动模范王建贞，现任乌鲁木齐局库尔勒车务段红山渠站站长。红山渠站地处全国闻名的"三十里风区"，一年当中，8级以上大风近100天，12级以上大风司空见惯。大风天气里，职工拴着保险带、戴着防护丝，才能完成接车作业。在这样艰苦的环境里，王建贞一干就是10年。这10年，她没能同家人过一个团圆年，10个春节都是在车站过的。她把车站当成自己的家来建设和守护，带领休班职工平场地、清垃圾、掏石坑、运沙土，栽活了红山渠站区第一片红柳。针对风区临时停留车辆实施防溜这一关键环节，她集思广益补充完善了相关的规章制度，被乌鲁木齐局采纳并推广。10 年中，红山渠站没有发生过一起违章违纪事件，成为艰苦地区的一面旗帜。王建贞被评为铁路系统"全国十大敬业奉献模范"候选人。

第五节 安 全 意 识

一、安全意识概述

（一）安全意识的含义

所谓安全意识，就是人们头脑中所建立的生产必须安全的观念，是安全生产的客观实际在人脑中的反映，是人们在生产过程中，对各种各样有可能对自己及他人造成人身伤亡和损害的外在环境条件的一种戒备和警觉的心理状态。它主要包括两个方面的心理活动：一方面是对外在客观世界的认识、评价和结果的判断；另一方面是在认识、评价和结果判断的基础上，决定个体的行为，并对其进行适当的心理调节，以保证安全生产。对高铁职工来说，确保人民群众生命财产及货物运输的安全，是首要的工作任务。因此，高铁职工必须深刻认识到安全意识的重要作用，确保列车在高速行驶中的生产安全、运输安全以及操作安全。

（二）安全意识的作用

安全行为是在安全意识支配下做出的行为。"安全就是最大效益，事故就是最大损失"，安全意识是安全生产不可少的前提。因此，安全意识以及由其支配的安全行为具有极其重要的作用。

1. 安全发展的重要保障和前提

"安全责任重于泰山"，形象地说明了安全对于铁路发展的极端重要性。安全之于发展，就如同一个木桶的桶底，桶底有漏洞，再高的桶边也存不住水。只有确保安全，才能赢得社会各界和广大人民群众对高铁工作的理解和支持，从而营造有利于高铁改革发展的良好环境。思想决定行动，理念引领行为。落实好安全这一铁路人的首要职责，关键在于强化安全风险意识，树立正确的安全理念。

2. 生产安全与生产效率和效益是相辅相成、对立统一的辩证关系

安全是伴随着运输生产而产生的，只要有运输生产就存在安全问题。在整个铁路运输生产过程中，生产是目的，而安全则是运输生产效率和效益的前提和保证，有了安全，运输生产才能有序进行，才会带来效率和效益。我国高铁正处在加快发展的新时期，建设、运营、改革的任务十分繁重，越是在这种情况下，越需要正确处理安全与效率、安全与效益的关系，越需要高铁职工提高安全意识，坚持安全第一的位置不动摇、不移位。

3. 高铁运输安全可促进国际友好交往

高铁不仅贯通全国，也与一些邻邦国家相连接。国际频繁的友好往来，铁路起着桥梁和纽带的作用，肩负着沟通各国人民感情的重要使命。高铁运输安全迅速，高铁职工礼貌热情，不仅可以反映出我国社会主义制度的优越性，更反映出中华文明古国的民族精神和风貌，给国际友人留下良好的印象，增进国际友谊。近些年，随着我国对外开放政策的实施，我国的国际交往不断扩大，前来我国从事经济活动、科技交流、旅游观光的外国友人日益增多，高铁为他们提供了一个安全舒适的旅行环境，如果高铁职工安全意识不强，高铁行驶不安全，事故频发，不仅会影响高铁的声誉，而且会影响到国家的声誉。

二、高铁主要行车工种岗位人员安全意识要求

（一）事故敏感性

1. 事故敏感性的含义

事故敏感性是指高铁职工能够预先发现、鉴别和判明可能导致安全事故的各种危险因素，对事故和故障的发生高度警惕，可以高度敏感地捕捉到事故发生的先兆并及时采取措施，是一种面对各种各样有可能对自己或他人造成伤害的外在环境条件下的警觉状态。如图2-13所示。

图2-13 事故敏感性预防事故发生

2. 事故敏感性的重要性

1）预防事故，保证安全

高铁安全生产坚持"安全第一、预防为主、综合治理"的方针不动摇，这也是国家的安全生产方针。然而，在实际的行车或者运输生产过程中，有时会有一些紧急意外事故的发生，采取管理手段、技术、设备等处理往往存在时间差，不能及时有效地进行处理。因此，这种情况对于高铁职工的经验、事故敏感性的要求较高，并且此时依据职工的事故敏感性对意外紧急事故进行处理，往往会有效降低时间消耗，提高事故处置效率，确保高铁安全。

2）识别风险，消除隐患

当前我国各种交通运输方式的发展都非常迅速，运输市场竞争日益激烈，尤其是随着高铁时代的来临，国家提倡的创新、改革、优化、发展等观念促使各铁路局大量引进、应用新设备和新技术，增设新职人员岗位。这对于具有特殊生产组织方式和本身复杂、受众多因素影响的高铁而言，其在快速的发展过程中定会遇到种种风险和意外情况。因此，高铁职工要具有前瞻性的思维和视野，具备一定的安全意识和事故敏感性，能识别出隐藏的风险问题，消除安全隐患，进而促进高铁快速、安全的发展。

3. 事故敏感性的基本要求

1）熟练掌握作业技巧和方法

在时速 300 km 及以上运行条件下，高铁职工的技术标准必须科学严密，作业方法必须熟练掌握、严格符合规定，作业程序必须规范。此要求是为了保障高铁职工要按照规章制度和标准进行值乘，提高工作效率，避免违反规章制度。在此基础上，只有当高铁主要行车工种岗位人员对作业方法和规则熟记于心、熟能生巧之后，在值乘过程中面临意外情况时，才有可能鉴别和判明一些导致安全事故的危险因素，增强事故敏感性，培养安全意识。

2）及时发现潜在的安全隐患

◎【案例】

　　动车组司机康信峰在一次值乘途中，以时速 300 km 行驶，突然列车机身出现晃动，一把扎下去，他感觉不太对劲，找好时机停车并进行汇报。事后检查发现是由于胀轨把车拱了起来。还有一位动车组司机蔡孝民在行驶过程中，经过南京大桥旁边时，车身当时突然一晃，蔡孝民根据自己的敏感性马上进行汇报。后来公务去测量，结果发现是桥洞下沉。这两位动车组司机都因具有较好的事故敏感性，从而避免了安全事故的发生。

　　由上述案例可知，事故敏感性对于高铁主要行车工种岗位人员而言非常重要。这就要求高铁主要行车工种岗位人员在值乘过程中多积累经验、多向有经验者借鉴和学习；并且要充分利用高铁部门内部的相关设备进行情景模拟，提升自己的应对能力。在工作中要高度集中精力，不能被外界干扰，从而在日常的值乘活动中，积累经验，培养自己的事故敏感性，以便能及时发现潜在的安全隐患，并对此做出应有的反应和有效的解决对策。

（二）严谨细致

1. 严谨细致的含义

　　严谨细致是指职工在工作中忠实履行岗位职责，做事认真负责、一丝不苟、精益求精。严谨细致是一种工作态度，反映了一种工作作风。它是指把做好每件事情的着力点放在每一个环节、每一个步骤上，不心浮气躁，不好高骛远；从一件一件的具体工作做起，特别注重把自己岗位上的、自己手中的事情做精做细，做得出彩，做出成绩。高铁职工严谨细致的态度，不仅直接关系到值乘的质量，关系到人民群众的生命财产安全，同时也可以反映他们的安全意识，对待自己和社会的道德水平。

2. 严谨细致的重要性

1）落实安全的根基

　　由于高铁是在广阔的空间、长距离的运行中连续进行动态作业的，特别是连续几次成功实施大面积提速之后，列车运行速度越来越快、车流密度越来越高，要保证高铁正常运转、运输生产安全有序，就必须要求每一位职工严谨细致地对待自己的工作岗位，只有每一位职工都严格要求自己，对其所负责的每一件事、每一个环节、每一个步骤都认真对待、做精做细，才会减少同一环节、同一站线职工的工作负担，才可能消除安全隐患，保证整个高铁的安全运行。

2）彰显新时期铁路精神

铁路精神是铁路人在长期实践中积淀而成的职业态度、思想境界和价值取向，它深刻地体现了铁路企业的特征，是铁路文化的基石。"安全优质、兴路强国"是新时期的铁路精神，它反映了铁路的本质属性，体现了新形势、新任务对铁路工作和铁路队伍的新要求，是铁路人团结奋进的精神追求。高铁职工通过提供热情周到、尊客爱货的服务，认真负责、一丝不苟的工作态度以及零差错的工作质量，既可以赢得人民群众的满意，又能增加旅客对高铁的信任和高度评价，同时提升高铁的声誉、形象和地位，进而彰显新时期铁路精神。

◯ 【案例】

某次货物列车运行至太岚线扫石站，因折角塞门关闭制动失灵，致使列车冒进出站信号机，造成机车和10辆货车颠覆、1辆货车脱轨。造成这起重大事故的直接原因是检车员和机车乘务员无视作业中的关键细节，违章关闭折角塞门。太原北车辆段古交运用车间列检员在对此次货物列车机后1位车辆更换缓解阀后试风作业时，关闭了2位车辆前端折角塞门，试风完毕后未将折角塞门开启，尾部检车员又没有发现列车新角塞门关闭。某次列车司机开车前，对列尾装置3次发出的"低风压告警"提示置若罔闻。开车后，司机没有运用列尾装置查询列车风管贯通情况，对列尾装置先后5次发出的"低风压告警"提示视而不见，加之列尾反馈装置失灵，最终导致列车放飏。

3. 严谨细致的基本要求

1）养成注重流程和细节的良好习惯

高铁所有职工都应该切实养成良好的工作习惯，形成根深蒂固的安全意识，切实保障安全落到实处。理念引领行为，行为体现理念。高铁工作不得有丝毫马虎，对待高铁工作必须要有对安全、对值乘的敬畏意识、红线意识，在目标上高一格，在要求上严一扣，在工作上重流程和细节，使高标准、严要求、重流程和细节不仅成为一种工作态度，更要成为一种工作习惯，要通过岗位实践强化习惯养成，最终形成严谨细致的工作态度和工作作风。

2）应对突发状况的措施要周到全面

高铁安全风险全系统、全过程和易发多变的特性，对高铁职工的素质提出越来越高的要求。要想适应高铁快速发展的需要和实现自身价值，高铁职工需要通过自己在实际工作中，不断积累经验，总结应对突发情况的措施，并进行整理，分类出应对不同突发状况的不同措施，以便在实际值乘过程中面临突发紧急情况时，可采取周到全面的、有效的应对措施和解决方案。

（三）尽责性

1. 尽责性的含义

所谓尽责性，是指职工自觉、认真地履行工作职责，把责任转化到行动中去的一种自觉意识，是个体对责任的感知和感受。它是职工从组织那里接受任务之后，内化于本人内心世界的一种心理状态，这种心理状态是个体履行责任行为的精神内驱力。尽责就是要求高铁职工用一种严肃的态度对待自己的工作，勤勤恳恳、兢兢业业、忠于职守，忠实地履行岗位职责。

◯ 【案例】

孔庄站只有 54 名职工，但它有值得全路干部职工学习的"孔庄精神"。一代代孔庄铁路人凭着朴素的安全意识和责任意识，吃苦耐劳，拼搏奉献，确保了太焦线的安全畅通，树立了激励高铁职工全心全意服务铁路发展的精神坐标。冬季山区气温低，隧道里的渗水滴水成冰，很快形成冰柱，一旦触及接触网就会造成跳闸断电或损坏机车供电设备，危及行车安全，职工们不惧严寒，坚守岗位进行打冰，保障铁路安全畅通。如图 2-14 所示。在万里铁道线上，正因为有了孔庄精神，孔庄铁路人用责任、纯朴、真心行动坚守在平凡而又重要的工作岗位上。为了铁路事业的发展，为了铁路大动脉的安全畅通，他们尽职尽责，自强不息，在铁路发展史上建立了一座座历史的丰碑。

图 2-14　高铁职工坚守岗位

2. 尽责性的重要性

一个人对社会的贡献大小也就是其人生价值的大小，主要是通过职业活动来体现的。只有热爱本职工作，勤勤恳恳、兢兢业业，忠于职守，尽职尽责，才能保证所在组织的生存和发展，才能在平凡的岗位上实现自己的人生价值。

爱路护路、尽职尽责可以为高铁行车工种岗位人员带来成就感和幸福感，可以提升其业务水平和思想境界。尽责的职工会不甘平庸，勇于开拓，不断提升自己的工作水平和理想，为他人和社会谋利益。

3. 尽责性的基本要求

1）树立爱路护路、尽职尽责的观念

归根到底，爱路护路、尽职尽责的观念就是高铁职工认识到自己是企业的主人，并由此产生的一种迫切希望对国家、对社会、对企业负责，迫切希望为国家、为社会、为企业贡献自己的力量；同时对一切破坏国家、社会和企业利益的行为疾恶如仇；还要求高铁职工确立职业理想，明确职业责任；需要处理好社会需要和个人利益、个人爱好的关系。

2）及时汇报潜在的安全隐患

每一位高铁职工都是"安全生产责任人"，千千万万不能有"事不关己，高高挂起"的思想。"责任重于泰山"，安全生产事关大家，是每一位高铁职工自己的事，要求每一位高铁职工都要有高度的责任心，要有很强的业务水平，只有每个人都做到生产安全，只有每个人都以一种谨慎的态度留意值乘中，以及道路上的每一事情、每一情况，及时发现安全隐患，并以尽职尽责的行为及时汇报，以便及时消除隐患，才能确保整个高铁的安全。

（四）谨慎性

1. 谨慎性的含义

谨慎指的是对外界事物或自己言行密切注意，以免发生不利或不幸的事情。高铁在时速几百千米的情况下，能够安全有效地运行，这是高铁主要行车工种岗位人员协调统一、认真工作、严谨操作的结果。在高铁这架大联动机里，有许多岗位是需要行车工种岗位人员长期坚守在高空、高危、不便利、不舒适的环境中进行作业的。对于这些高铁行车工种岗位人员而言，所谓谨慎性，是指处于高危工作环境时，时刻保持小心、谨慎的操作状态。

2. 谨慎性的重要性

1）防患于未然

由于高铁职工工作内容和工作环境的特点，使得高铁职工长期处于高压力、神经高度紧绷的状态，尤其是高铁天窗作业要持续到凌晨三四点。天窗工作量大、人手短缺、休息时间不够等原因会导致高铁职工心理、生理产生很大压力，甚至出现不适。在压力大、时间短、环境不利等情况下进行作业，高铁职工只有时刻保持小心谨慎的状态，才能高效完成工作，解决问题，为后续列车的出行排除安全隐患。

2）保证人身安全

"谨慎能捕千秋婵，小心驶得万年船"，一语点破谨慎性的重要性。高铁运输生产中的每一个环节和细节都关系到人民群众生命财产的安全，关系到高铁职工自身的人身安全，关系到企业的信誉和效益。"水电无情"，高铁行车工种岗位人员在工作中长期与电为伴，稍有大意，不谨慎操作就极有可能被夺取生命，失去幸福美满的生活，使得家庭遭遇不幸。

3. 谨慎性的基本要求

1）保持如履薄冰、如临深渊的心态

从近年来铁路发生的事故案例看，基本都是由于忽视安全、作业不谨慎、疏忽细节等造成的。而杜绝事故的发生，需要的是每一位铁

路人都抱有一种如临深渊、如履薄冰的心态。高铁职工有了这种心态，才会对安全工作高度负责、对日常工作中的操作环境高度重视、认真学习安全生产的规章制度、辨析各种危险源，才会在生产中遵章守纪、按规范作业，时刻保持谨慎小心的操作状态，才能及时向领导反映事故隐患或苗头，并及时整改，以便在事故发生时采取正确的举措。

2）敬畏安全，增强意识

铁路本身就是复杂危险的，尤其是在高速运行的高铁上，有些行车工种岗位人员要长期处于高空作业，或在机车车底进行操作等。这对于高铁行车工种岗位人员而言，要求其必须具有高度的谨慎性，主动持有敬畏安全的态度，增强安全意识以保证安全，彻底消除安全隐患。

（五）耐心

1. 耐心的含义

耐心指的是不急躁，不厌烦，不求快。它是人们对事物的认识过程中所表现出来的个性心理特征，是性格中的一种潜在力量，也是信心的持久和延续，是决心和毅力的外在表现。耐心在铁路作业操作中是一种极为重要的品质和心理特征。接触网作业车司机、轨道车司机，其主要任务是辅助工务、供电开展工作，但由于其行车等级低，等待时间长，需要长时间在轨道车上待命，因此不仅要求此类职工有较高的郁闷应对能力和适应密闭工作环境能力，而且还要有极大的耐心。

2. 耐心的重要性

1）顾全大局必不可少的因素

高铁职工的服务对象不仅包括旅客和货主，而且还涉及与自身岗位相关联的上一环节、下一环节的岗位人员。在高铁运行过程中，不免会有突发事件、延误等状况的发生。在这种情境下，每位职工务必要按照规定流程进行作业操作，车务部门务必要按照列车运行图要求的时间发车、行驶，而辅助司机务必要按照规定要求和规定时间耐心等待并进行自身作业。若有一人为了自身利益，目光短浅或者稍有懈怠，延迟上工上线，则极有可能会导致"一人影响一车，一车影响全国"的现象发生。

2）促进高铁健康安全、快速发展

截至 2017 年年底，我国高铁营运里程达到 2.5 万 km，高铁技术标准和设备水平大幅提升，形成了一大批具有自主知识产权的技术创新成果，高速铁路技术已达到世界先进水平。高铁的突飞猛进离不开铁路人的努力。恪尽职守是指职工尽自己的努力，严守自己的职业或岗位，谨慎认真地做好本职工作，细心耐心地守住职位或岗位。从这个意义看，耐心是恪尽职守的基本要求，恪尽职守是保证高铁安全有效运行必不可少的素质。所以说，实现高铁的远程规划和"走出去"接轨国际的战略，离不开高铁行车工种岗位人员乃至全体高铁职工的每一次耐心作业。

3. 耐心的基本要求

1）持久持续地稳定作业

高铁行车工种有时要长时间工作，甚至经常熬夜，尤其是在夜班值班时，在长时间的高压环境下，职工容易产生疲劳、犯困的现象，但为了保证高铁的安全稳定运行，为了保证广大人民群众的生命财产安全，需要高铁职工保持"螺丝钉"精神，时刻保持清晰、冷静的头脑，牢记使命，保持耐心，并持久持续地稳定作业。

2）井然有序、不急不躁

耐心作业要求高铁职工在工作中做到严格遵守交接制度，严格按照规定时间实施检查和维护作业，不能以任何借口影响机车的正常运行，要井然有序、不急不躁，严格按照规章制度和上级下达命令进行操作。在实际工作中，经常会出现职工下班后刚休息没多久，高铁突然出现一个故障或者紧急事件，需要相应工种岗位人员立刻进行处理的情况。职工未得到充分休息的情况下，又要拖着疲惫的身躯投入工作，往往会导致职工烦躁、注意力不集中、急于求成等负面情绪，而这些负面情绪往往容易导致安全事故的发生，因此越是在这种非正常、突发情况下，越需要职工井然有序、不急不躁地进行工作。

第三章　高铁主要行车工种岗位人员情绪复原力提升方式

第一节　情绪复原力个体层面提升方式

　　情绪复原力个体层面提升方式主要是指通过自身内部调节或采用具有疏导功能的器材,对高铁主要行车工种岗位人员出现的情绪状态有针对性地进行个人压力缓解。高铁主要行车工种岗位人员情绪复原力个体层面提升方式主要包括个体调节法、音乐放松法、运动减压法、宣泄减压法、道具减压法、体感运动减压法。

一、个体调节法

　　1. 呼吸放松法

　　呼吸放松是指个体在紧张、焦虑等情绪出现时,通过主动调节自己的呼吸,使其自身得到放松,从而改善其紧张、焦虑等情绪。采用呼吸放松法时,可以把手放在腹部以便将注意力集中在肚脐下方。然

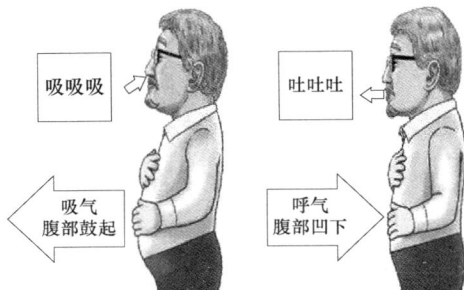

吸吸吸　　吐吐吐

吸气腹部鼓起　　呼气腹部凹下

图 3-1　呼吸放松法

后用鼻孔慢慢地吸气，将吸入的空气充满整个肺部，屏住呼吸几秒，以便氧气与血管里的浊气进行交换。呼气时，要用嘴慢慢地外吐。重复数次，直到感受到身体放松为止。

呼吸放松法在睡前进行时，可有效地放松身体及帮助睡眠。待熟练掌握方法后，可以随时随地进行呼吸练习，尤其在焦躁不安时进行呼吸放松可以使情绪尽快得到舒缓。另外，需要注意的是，吸气时要深而饱满，使腹部有鼓胀感，频率尽可能缓慢、有节奏，过程中暗示自己放松或安静，想象身体正在放松，尽量使自己有轻松舒适感。

2. 涂鸦墙舒缓法

有关研究表明，用手绘的方式打造出有故事的空间是行之有效的减压方法。涂鸦墙是高铁职工宣泄情绪、逆境中释放压力、创作中张扬个性的绝佳方式。让高铁职工在心理健康疏导室的涂鸦墙上将心中所想、内心倾诉用图形的方式进行表达、宣泄，写上一些激励自己的话，为工作和生活提神鼓劲。在无所拘束的"挥洒"过程中，高铁职工的心理压力能够得到痛快淋漓的释放，高铁职工的紧张、焦虑、郁闷情绪能够得到有效的舒缓。

二、音乐放松法

1. 训练目标

对人的心理状态产生直接干预，从而愉悦身心、发泄压力，使心理和身体不断达到平衡状态。

2. 适用对象

适用于出现紧张、倦怠、孤独、挫折、压抑、焦虑、郁闷等情绪状态的高铁主要行车工种岗位人员。但个人若存在剧烈耳痛、头痛或情绪极度激动等状况，应暂时避免使用音乐放松法。

3. 实施内容

根据高铁主要行车工种岗位人员出现的情绪状态，结合高铁职工的知识结构、身体状况、音乐爱好、工作性质，分别为出现不同情绪状态选择乐曲。例如，当高铁主要行车工种岗位人员的情绪郁闷、忧伤时，建议其听的乐曲应该是节奏先缓慢，音调低沉，帮助疏泄忧伤情绪；后明朗欢快，充满希望，使情绪兴奋，增强生活的信心和勇气。具体音乐选取见表3-1。

表3-1　高铁主要行车工种岗位人员不同情绪状态选取的音乐风格

情绪状态	曲目风格	代表音乐
郁闷	选择优美动听、节奏明快、强弱分明的音乐，具有愉悦心情、舒肝解郁之功效，使精神、心理趋于常态	《春天来了》《喜洋洋》《雨打芭蕉》《步步高》《喜相逢》《匈牙利狂想曲》《苏格兰》《沉思曲》
焦虑	选择轻缓低吟、旋律优美、柔和而抒情的音乐，具有宁心安神、去除烦恼之功效，可消除紧张、焦虑的情绪	《高山流水》《春江花月夜》《田园交响曲》《蓝色多瑙河》《蓝色狂想曲》《塞上曲》《苏武牧羊》《花之圆舞曲》
紧张	选择旋律低沉伤感、节奏有起伏变化、强弱有明显变化的音乐，具有抑制狂躁、愤怒，减轻情绪亢奋的功效	《平沙落雁》《白桦树》《三套车》《亚麻色头发的少女》《太阳雨》《天鹅湖》
挫折	选择旋律欢快激昂、节奏振奋人心、歌词积极向上的音乐，具有减轻悲观失望、减弱低沉消极情绪的功效	《保卫黄河》《国际歌》《娱乐升平》《解放军进行曲》《金蛇狂舞》《兰花花》《茉莉花》《涛声依旧》《望月》《珊瑚颂》《晚风》
孤独	选择旋律奔放豪迈、节奏明快并具有愉悦心情的音乐，身临其境使人感受到陪伴、力量、温暖与爱，缓解孤独之感	《大海》《水上音乐》《彩云追月》《松涛声远》《海浪》《雨滴》《泉水》
压抑	选择旋律轻柔、和谐清幽、优雅亲切的音乐，具有消除疲劳、舒心理气、增强食欲和胃肠功能的功效	《假日的海滩》《锦上添花》《春风得意》《江南好》《花好月圆》《欢乐舞曲》
倦怠	选择曲调低吟、缓慢而轻悠的音乐，摇篮曲的摇摆风格可以给人一种有规律的舒服节奏感，具有宁心安神、放松的功效	《平湖秋月》《烛影摇红》《军港之夜》《宝贝》《银河会》《摇篮曲》《催眠曲》

4. 实施条件

环境：高铁主要行车工种岗位人员心理疏导室。尽可能为有需要的高铁职工创造安静、舒适的环境，室内的光线要明亮柔和，不要过于幽暗，也不宜过强，有较好的音乐播放设备。

形式及设备：音乐的音量应由小逐渐增强，恰到好处，音量控制不超过70 dB。具体设备包括具有音乐分类功能的手机软件，如北京交通大学轨道交通行车关键岗位人员职业适应性研究中心开发的"铁路心晴"App；也可以购买一些公司开发的音乐疗法产品，如智能音乐放松系统二代反馈催眠型。如图 3-2 所示。

图 3-2　智能音乐放松系统举例

5. 使用说明

（1）音乐放松每日 1 次或 2 次，每次 30 分钟，30 次为 1 个疗程。

（2）在每次开始聆听音乐前先休息 5～10 分钟，最好洗一把脸，清醒一下头脑，或者搓热双手，用掌心按摩面部几分钟，效果会更好。

（3）在放松椅上，闭目养神，静坐片刻，采取坐、卧、半躺的姿势均可。

（4）以手机软件"铁路心晴"为例。打开手机 App"铁路心晴"，根据需要和喜好，选择相应类别中的曲目，并选择合适的音量。如图 3–3 所示。

图 3–3 "铁路心晴"音乐分类图

（5）半躺在放松椅上，双手轻轻地置于腹部，做几次深呼吸，抛开杂念，使自己全身心地融入音乐里。如图 3–4 所示。

图 3–4 放松过程图

三、运动减压法

1. 训练目标

当运动达到一定量时，人体产生的腓肽效应就能够愉悦神经。适当的运动锻炼，有利于消除高铁主要行车工种岗位人员的工作疲劳。

2. 适用对象

适用于出现紧张、恐惧、倦怠、孤独、挫折、压抑、焦虑、郁闷等情绪状态的高铁主要行车工种岗位人员。

3. 实施内容

心理学研究表明，人们日常可从事的运动项目很多，不同的运动项目对人的心理健康所起的作用不尽相同。针对高铁主要行车工种岗位人员出现的情绪状态，可以进行如表3-2所示的运动项目。

表3-2 高铁主要行车工种岗位人员缓解情绪状态的运动项目及其机理

情绪状态	运动项目	机理
压抑倦怠	有氧格斗、拳击等节奏性强的运动	通过参与节奏快的运动项目，可以保持身体兴奋，有助于发泄压力
郁闷孤独	足球、篮球、排球等团队运动	通过参与团队合作的项目，可以增强合作意识，有助于减缓孤立感
焦虑	乒乓球、羽毛球、网球等运动	通过参与要求头脑冷静、思维敏捷、判断准确的项目，可以使人集中精力、专注于此，有助于个体走出多疑的思维模式
紧张	足球、篮球、排球等竞争激烈的运动	通过参与竞争激烈的项目，可以增强冷静沉着的应对能力，有助于缓解紧张情绪
恐惧	拳击、单双杠、平衡木等运动	通过参与要求勇气、专注的项目，可以使个体排除杂念，有助于克服胆怯、战胜困难
挫折	下象棋、慢跑、长距离散步等运动强度不高的运动	通过参与需要耐心、坚持的项目，可以调节精神状态，有助于个体慢慢恢复情绪

4. 实施要求

运动时间应适当，不宜过长，避免过度疲劳或兴奋。如图 3-5

所示。

图 3-5　运动减压举例

四、宣泄减压法

1. 训练目标

让高铁主要行车工种岗位人员把过去在某个情景或某个时候受到的心理创伤、不幸遭遇和所感受到的不良情绪发泄出来，以达到缓解和消除消极情绪的目的。

2. 适用对象

适用于出现紧张、恐惧、倦怠、孤独、挫折、压抑、焦虑、郁闷等情绪状态的高铁主要行车工种岗位人员。

3. 实施内容

具体的宣泄减压方式和适用情绪状态见表 3-3。

表 3-3　高铁主要行车工种岗位人员宣泄减压运动项目及其机理

情绪状态	宣泄方式	机理
郁闷 孤独 倦怠	唱歌（专业 K 歌仪，有打分、排名，可以提高参与的积极性）	唱歌时，特别是唱自己喜爱的歌曲，大脑会生成和释放类似于吗啡的脑内激素，促进和激发免疫球蛋白和抗压力激素的增加，从而使人感觉心情愉快
压抑 恐惧	呐喊	呐喊可以帮助个体排解郁闷，同时通过正向的语音引导，帮助个体克服恐惧，找回自我

情绪状态	宣泄方式	机理
挫折 紧张 焦虑	实物击打（宣泄仪）	通过消耗体能的方式，使压力得到缓解，低落消沉的不良情绪在心理上得到释放

4. 实施要求

在高铁主要行车工种岗位人员心理疏导室中，设立一个专门的宣泄室，布置宣泄仪、呐喊仪、唱歌仪等宣泄设备。

5. 使用说明

进入宣泄室，根据需要和个人喜好选择不同的宣泄工具。

（1）智能击打宣泄仪：用击打的方式，释放不满情绪，排除体内怨气，帮助高铁职工实现内部情绪的宣泄，减少负面情绪，释放自我；带上护手套，对宣泄仪进行击打宣泄。部分宣泄仪如图 3-6 所示。

图 3-6　部分宣泄仪

（2）呐喊仪：打开呐喊仪，选择接近内心感受的宣泄主题情境，用呐喊的方式呼出闷气，泄出怨气；通过呐喊仪上的 LED 智能控制面板对呐喊的音量、频率进行智能呐喊效果显示，得到积极心理的暗示。具体的呐喊仪如图 3-7 所示。

（3）唱歌仪：打开唱歌仪，根据个人需要和喜爱偏好，选择音乐菜单上的曲目，随着音乐的节奏，进行情绪的发泄和情感的抒发。具体的唱歌仪如图 3-8 所示。

图 3-7　呐喊仪　　　　　　　　　　　图 3-8　唱歌仪

五、道具减压法

1. 训练目标

缓解高铁职工大脑疲劳，调节中枢神经，增强记忆力，开发智力，提高思维能力，同时还可以舒筋健骨、强健内脏，对高血压、神经衰弱、手臂乏力、关节炎、肌肉痉挛等症状均有良好的治疗和保健作用。减压道具往往体积较小，可谓口袋中的按摩师。

2. 适用对象

适用于出现紧张、恐惧、倦怠、孤独、挫折、压抑、焦虑、郁闷等情绪状态的高铁主要行车工种岗位人员。

3. 实施内容

针对高铁主要行车工种岗位人员的不同情绪类别，可选择如表 3-4 所示的道具。

4. 实施要求

在高铁职工心理疏导室中，设立一个专门的道具减压区，布置发泄球、按摩棒、握力环、巴克球等宣泄设备。

表 3–4 高铁主要行车工种岗位人员减压道具选择

情绪状态	作用机理	推荐类型
压抑 孤独 郁闷	发泄玩具是近年来人们缓解压力的新招，看似无聊，实则可以在捏、摔、打等玩耍的过程中发泄内心的烦躁，进行自我心理治疗，且成本低、易于操作	发泄球 人脸玩具
倦怠 焦虑 恐惧	通过简易的自我按摩，不仅能够缓解大脑疲劳、舒筋健骨和强健内脏，还能够调节中枢神经，增强记忆力，开发智力，提高思维能力，缓解和治疗高血压、神经衰弱、手臂乏力等症状	肌肉按摩球 握力环 按摩棒
紧张 挫折	新奇有趣，充满挑战性，可以激起人们的好奇心和求知欲；娱乐过程中将人的注意力从烦恼中转移出来，压力得到疏解；在玩耍的过程中需要手眼的配合，对感官和大脑进行刺激，从而开拓思维、激发创造力，预防老年痴呆	巴克球 七巧板 华容道 鲁班锁

5. 使用说明

进入道具减压区，根据需要选择不同的减压道具。

（1）压抑、孤独、郁闷缓解类：根据个人握力、手掌的大小以及个人的喜好选择道具；通过捏、打、摔等发力动作进行情绪的宣泄。具体如图 3–9 所示。

图 3–9 情绪发泄类道具减压工具举例

（2）倦怠、焦虑、恐惧缓解类：根据个人躯体疲劳的部位选择顺手的道具。针对疲劳的部位按个人的感觉，利用按摩锤进行不同力度的敲、拍打；通过按摩球等道具，对身体上的特别紧张的部位点进行适度的揉压，来缓解肌肉的僵硬和紧张感。具体如图 3–10 所示。

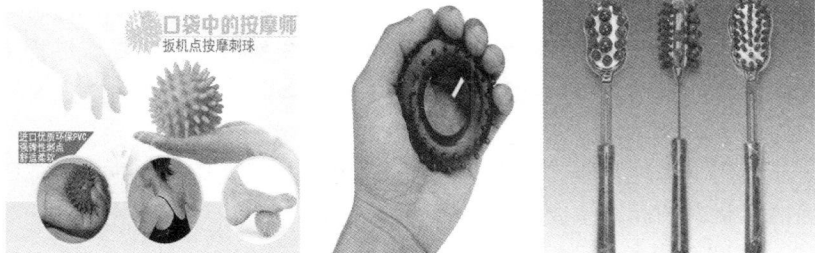

图 3-10 缓解疲劳类道具举例

（3）紧张、挫折缓解类：充分利用自己的好奇心和求知欲，选择自己感兴趣的道具，静下心通过自己动手和动脑来探索小道具里的机关，在此过程中切记不可情绪急躁。具体如图 3-11 所示。

图 3-11 潜能开发类道具举例

六、体感运动减压法

1. 训练目标

健身性：提升有氧能力，正面影响身体组成状态。据相关研究显示，在同样的锻炼时间里，进行体感运动时的运动心率与进行机械性运动时的心率保持一致，锻炼强度略低于机械性运动。

悦心性：高铁职工作为压力易感人群，在参与体感运动的过程中能充分调动并激发自己进行肢体运动的主观能动性。趣味运动对高铁职工是一种有效的压力疏导手段，也是劳逸结合、改善工作生活方式、提高工作满意度的重要途径。同时，多样化的软件程序将多种体育运动类型、运动规则、不同文化收纳其中，也令高铁职工在操作过程中开阔视野、陶冶身心。

2. 适用对象

适用于出现紧张、恐惧、倦怠、孤独、挫折、压抑、焦虑、郁闷等情绪状态的高铁主要行车工种岗位人员。

3. 实施内容

对比市面上几款热卖的体感运动设备，从硬件与软件的角度综合考察，结合铁路实际，推荐使用美国微软公司开发的 Xbox One + Kinect 家庭娱乐机。推荐配备的预装软件包括 Kinect 体育竞技、明星高尔夫、水果忍者体感版 2、舞力全开 2015 等。具体如图 3-12 所示。

图 3-12　体感运动举例

针对高铁主要行车工种岗位人员的不同情绪类别，可选择如表 3-5 所示的运动。

表 3-5　高铁主要行车工种岗位人员体感运动选择

运动名称	运动内容	情绪状态
Kinect 体育竞技	保龄球、攀岩、打靶射击、足球、网球还有水上摩托车竞速的体育项目	孤独郁闷

运动名称	运动内容	情绪状态
明星高尔夫	精美的 18 洞球场，可切换多个国家场景，拥有众多人物角色和球杆类型，每个角色的球技水平都有所不同，他们配有定制的球杆，拥有特定的技能	倦怠 恐惧
水果忍者 体感版 2	水果忍者体感版能让参与者身临其境地通过挥舞双手，体验"切水果"的乐趣	紧张 挫折
舞力全开 2015	高铁职工通过模仿屏幕下方的动作示例舞动肢体，以获得较高得分	焦虑 压抑

4. 实施要求

在高铁职工心理疏导室中，设立一个专门的体感运动区，并有以下要求。

（1）房间内地板最好铺上软质地毯或塑料垫，参与者进入房间时需要脱鞋或穿着干净的软底运动鞋。

（2）房间墙面上张贴体感运动使用说明和每款程序的操作方法。每组参与者在进行体感运动前，需由工作人员讲解具体操作方法及规则，并提示体验者当设备出现任何问题时，需联系工作人员予以解决。

（3）为保证所有参与者的安全，屏幕前方约 5m² 区域设为活动区，后方设为休息区，并放置椅子若干件，非参与人员需在休息区就座。

体感运动区主要配置见表 3-6。

表 3-6 高铁职工体感运动配置设备

配置内容	数量	备注
Xbox One + Kinect 国行版套装 40 英寸以上液晶电视 Kinect 支架 音响设备 训练光盘（Kinect 体育竞技、明星高尔夫、水果忍者体感版 2、舞力全开 2015）	各 1 件	训练光盘可定期更换

第二节　情绪复原力团体层面提升方式

情绪复原力团体层面提升方式主要指团体训练。团体训练是心理健康管理体系中经常被提及和采用的活动形式，它主要是借助于精心设计的特殊情景，以室内外活动的形式让参与者进行体验，从中感悟出活动所蕴含的理念，通过反思获得知识，改变行为，实现可趋向性目标的一种模式。高铁主要行车工种岗位人员情绪复原力团体训练方式主要包括三人四足、不倒森林、指压板跳大绳等。

一、三人四足

1. 活动目的

（1）提升团队协作能力。

（2）促进建立良好的合作关系，学会有效竞争。

2. 适用对象

适用于需要缓解孤独、压抑情绪的高铁主要行车工种岗位人员。

3. 活动人数

人数不限，分组进行。

4. 活动时间

20分钟。

5. 场地及道具

场地空旷、绑带。

6. 活动规则

（1）发令前，每组按横排立于起点线后，分别将相邻组员的左右腿用绑带绑在一起（绑在踝关节附近）。

（2）所有队员以站立方式起跑，听到发令后，同时走或跑向终点，以最后一名组员通过终点线为计时终止（为防止组员跌倒，终点放置海绵垫）。

（3）行进中所有相邻组员的左右两腿自始至终要用绑带绑在一起（如图3-13所示），如遇脱落，需在原地重新系好后才可继续行进，否则成绩无效。如中途有队员摔倒，待整理好后可继续行进。

（4）以每组比赛用时计取名次。

图 3-13　三人四足

二、不倒森林

1. 活动目的

细节决定成败，心态也是如此。这项活动能够帮助高铁主要行车工种岗位人员战胜自我，缓解郁闷情绪，提高心理素质。

2. 适用对象

适用于需要缓解紧张、孤独情绪的高铁主要行车工种岗位人员。

3. 活动时间

30 分钟。

4. 活动道具

长度 1 m 左右的塑料长杆。

5. 活动场地

室内室外均可。

6. 活动规则

（1）全体成员围成一个圈，相邻的两个人间隔 1 m，每人手里持一根杆子，约 150 cm，让杆子直立后用右手掌心按住杆子的上面，左手放在背后。如图 3-14 所示。

（2）保持杆子直立，在喊"换"时，后面的人要扶住前一个人松开的杆子，整个团体要保证所有的杆子都不倒，不允许用手抓，也不允许使用身体其他部位。

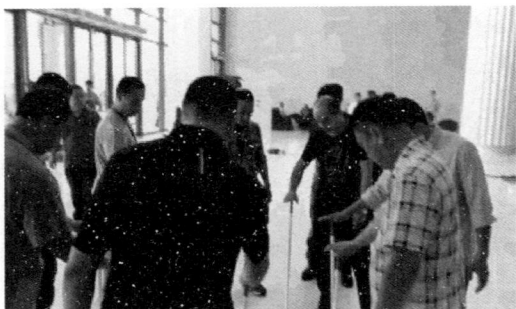

图 3-14　不倒森林

（3）宣布开始前，双脚开立，不允许移动。

（4）每次有一根杆子倒就算失败，必须在连续换位十个后才算成功。

7. 注意事项

（1）严肃对待项目，不准用杆子嬉戏打闹，以免伤及队友。

（2）使劲要均匀，不可用力拍打杆子，以免弄伤手心。

三、指压板跳大绳

1. 活动目的

帮助缓解紧张、压抑情绪，体验快乐，放松身心。

2. 适用对象

适用于需要缓解紧张、压抑情绪的高铁主要行车工种岗位人员。

3. 活动时间

20 分钟。

4. 活动道具

指压板、跳绳。

5. 活动场地

室内室外均可。

6. 活动内容

两名队员摇绳,其余队员依次进入绳区内,待剩余队员全部进入,逐步增加跳绳次数。如图 3-15 所示。

图 3-15　指压板跳大绳

7. 注意事项

(1) 指压板不宜过硬,应具有一定柔软性,防止脚部受伤。

(2) 踩指压板时间不宜过长,防止造成脚部劳损,建议每次不超过 15 分钟。

第四章　高铁主要行车工种岗位人员心理适应能力提升方式

第一节　心理适应能力个体层面提升方式

心理适应能力个体层面提升方式主要是指通过改变个体的认知、态度等内在心理状态，同时掌握相应人际交往沟通技巧来提升高铁主要行车工种岗位人员心理适应能力。高铁职工心理适应能力个体层面提升方式主要包括提升认知水平、保持积极阳光心态、增进人际交往能力和掌握沟通技巧等四种。

一、提升认知水平

个体的成长是一个不断适应新环境的过程，在这个过程中，适应的关键是内部认知水平的提高。对于提高高铁职工的认知水平，有以下几点建议。

1. 正确认识自我

当高铁职工真正了解自己时，也就认识了自己的需要、价值观、态度、动机和情感，认识到自己内心的冲突，并根据真实自我自觉调控行为，进而同周围环境达成一致。不可否认的是，一个人适应环境的次数越多，他的环境适应能力就越强。接触网维修工、电力线路维修工、线路工、桥隧工等工种，经常需要在野外作业，对于怕黑、怕蛇的职工，要时刻牢记随身携带照明灯、药品等安全防护物品，强大的心理安全保障对于提高其适应野外工作的能力具有很大的益处。

2. 准确评估环境

当环境变化的时候，高铁主要行车工种岗位人员一定要认识到当下的环境是什么样的，对自己所处的环境有一个理智的判断，这样才能保证自己在适应的过程中采取适合自己的方式。对于接触网维修工、变配电设备检修工等工种，经常需要在高电压的环境中工作，在这种情况下要时刻牢记采取相应的安全用电防护措施，在全方位的安全保障下个体适应高电压工作环境能力随之相应提升。

3. 改变工作态度

虽然有时候高铁职工的部分工作内容可能会造成心情低落，如车载通信设备维修工、地勤司机、地勤机械师、列控车载信号设备维修工等工种的工作内容有时会让人感觉工作单一、枯燥，可通过改善自我对工作的态度，从积极方面考虑来提高自身适应枯燥工作的能力：自己从事的这项工作是为了保证行车中的安全性，减少意外事故的发生，是一件非常有意义的事，某些伟大奇迹正是出自对平凡岗位的坚守。同时，高铁职工要培训自己坚韧、顽强、果断的精神和较强的自制力、竞争意识和好胜心，还要有对人对事宽容的态度与豁达的胸怀。

二、保持积极阳光心态

当我们面对生活时以积极阳光的心态对待现实，就是指以"一分为二"的态度看待现实。现实生活总是善与恶同在，光明与黑暗并存，顺境与逆境交错。如果人们只能接受那些美好的、顺心的、看得惯的事物，而对那些丑恶的、不顺心的、不喜欢的人或事一概采取拒绝和排斥的话，那么，这个人将很难同环境保持良好的适应关系，也很难使自己的心态保持平衡。有些高铁职工在进入岗位之前把工作岗位想象成个人美好理想的乐园，入职以后面对现实与期望之间的落差，感到处处不尽如人意。例如，通信网管需要在上下级之间斡旋，很容易产生负面情绪，接受不了眼前的现实，感到无比痛苦，有的人甚至因此而悲观失望。要适应现实，就要对现实进行分析并区别对待。就像有人说"任何选择终究是后悔"，这句话也可以换种说法，"任何选择都是一种幸运"。事物永远有着两面，与其后悔，不如积极面对。如在严格管理制度下的高铁职工可以对自己说，正是制度的约束让我可以用更多的时间工作与学习，至少这样的工作会让我过得更有意义。

社会心理学家提出了十条积极心理平衡要诀,对心理适应能力提升有极大的帮助。高铁职工可在日常生活中学习并掌握这十条要诀,帮助我们保持积极阳光的心态,更好地适应环境与工作。

1. 对自己不过分苛求

人应该有自己的抱负,但有些高铁职工的抱负不切实际,不是自己力所能及,便认为自己倒霉而终日忧郁;有些高铁职工做事过于追求完美,结果受害者是自己。高铁职工应该把抱负和目标定在自己力所能及的范围,要学会欣赏自己已经取得的成果。

2. 不强求别人

很多人把希望寄托在他人身上,尤其是对亲人和朋友,假如对方达不到自己的要求,便会大感失望。其实每个人都有他的想法,何必要求别人迎合自己的要求呢。

3. 疏导自己的愤怒情绪

当高铁职工勃然大怒的时候,很容易做出错事或者失态的事,然而高铁行业不容得一丝马虎,与其事后后悔,不如事前加以自制。合理地分散转移注意力,把愤怒发泄于另一方面,如打球、唱歌等,必要的时候不妨来点阿 Q 精神,抱着笑骂由人的态度,愤怒情绪自可抛诸九霄云外。

4. 偶尔也可以屈服

一个做大事的人,处事要从长远的角度思考,考虑大局,不要只盯着一点。因此,只要大前提不受影响,在小处,有时也不必过分坚持,以减少自己的烦恼。

5. 暂时逃避

当高铁职工在生活或工作中受到挫折或者打击时,应该暂时将烦恼放下,做些自己喜欢做的事,如运动、旅游或看电视等,待到心情平静时,再重新面对自己的难题。

6. 找人倾诉烦恼

把所有的不快埋藏在心里只会让自己郁郁寡欢,当高铁职工情绪不好的时候,可以把内心的烦恼告诉自己的知己或者好友,会感到心情舒畅。

7. 为别人做些事

助人为乐为快乐之本，帮助别人不单单使自己忘却烦恼，而且可以重新确定自己存在的价值，并获得珍贵的友谊，何乐而不为。

8. 在同一个时间只做一件事

高铁职工要减少自己的精神负担，不应该同时进行一件以上的事情，以免弄得身心交瘁。当面临难题时，先解决一个，而且从最容易解决的问题下手，有了成功就会有信心，成功越多，信心就越足。

9. 不要处处与人竞争

人的相处应该以和为贵，处处以他人为竞争对象，会使得自己经常处于紧张状态，其实，只要你不把对方看成对手，对方也不会与你为敌。

10. 对人表示善意

有些高铁职工会被人排斥，是因为别人对你有戒心，如果在适当的时候，表现自己的善意，多交朋友，少树敌人，心境自然会变得平静。

三、增进人际交往能力

高铁职工的生活总是离不开集体和社会。如果要想获得成功，就要学会尽快融入自己所在的单位或工作环境之中，学习人际交往的技能，以诚待人、乐于助人。人际交往能力也是高铁职工必备生存能力的重要组成部分。因此，在人际交往中需要注意以下几点。

1. 放宽心态、放开胆子

很多高铁职工都是受自己的心态影响，没自信、胆子小、不敢跟其他同事打交道，怕别人不喜欢自己，所以一直畏畏缩缩，不敢与外界接触。放开胆子，勇敢尝试，才能提升人际交往能力。

2. 微笑对人

无论是熟人还是陌生人，在接触的时候一定要微笑面对，让人知道你对认识他或是跟他交谈很高兴，微笑面对他人是一种善意的表达，让别人感受到你的诚意。

3. 不当面抨击别人

在与人交际的过程中，除非对方严重损害了你的利益或是言辞带有轻蔑，否则不要当面抨击别人。正常的交往中，意见不合很常见，若是因为意见不合发生口角、产生矛盾，则会令自己处于被动局面，人际关系岌岌可危。能谅解的地方要谅解，既表现了自己的大度，也给人留了好印象。

4. 礼貌用语不可少

一个人说话的方式代表一个人的素质，一口粗话容易给别人留下坏印象；而一口礼貌用语，则会让人如沐春风一般。

5. 适当幽默

人际交往中，千篇一律地礼貌、一成不变的客套肯定也会让人厌烦，会让人质疑你的真心。高铁职工在与他人交往时尽量多一些幽默，让人知道你不呆板，可以成为合作伙伴、良朋益友。

6. 节假日祝福

忙碌的工作使我们不可能照顾到每一个人，为了不让人际关系淡漠，高铁职工可以在节假日或是平时发些祝福短信，让别人知道你是惦记着他们的，这会让他们感到暖心。

四、掌握沟通技巧

高铁职工在工作和生活中往往同时扮演着很多角色，如工作中既为上级也为下级，家庭里既为人妻又为人母，既为人父又为人子。图 4-1 为高铁职工一家三口。如果在进行角色转换时不能和环境保持一致，就会产生矛盾。人始终受到生存环境的制约，任何个体的角色定位都取决于所处的社会组织结构。无论面对怎样的角色需求，

图4-1　高铁职工一家三口

高铁职工都要掌握相应的沟通技巧。下面将介绍高铁职工在与家人、领导和同事沟通时的一些技巧。

（一）与家人沟通

对于所有高铁职工来说，由于工作性质和工作内容的要求，面临的工作与家庭冲突较多，因此在与孩子、爱人和父母产生冲突时可采用以下沟通技巧。

1. 与孩子沟通

高铁职工需要不断地学习，尤其要学习与孩子沟通的艺术和技巧。沟通的品质决定亲子关系的品质，只有把沟通这门功课做好了，才能与孩子建立良好的亲子关系。

孩子不愿意与家长进行沟通是由许多因素造成的。首先是因为孩子的价值观得不到认可。孩子喜欢的东西、崇拜的偶像得不到家长的认可；孩子在家里觉得做什么都是错的；当孩子要求自己独立完成某件事情时，家长要么不允许，要么全部包办代替。其次，家长没有给孩子足够的安全感，使孩子没能敞开沟通的心扉。例如，有个男孩说："我考 100 分的时候家里是温馨的；但我要是考了 30 分，家里就不温馨了。"现实中，很多高铁职工没有与孩子沟通的习惯，不能正确认识性格不同导致的沟通方式的差异，容易产生亲子间的沟通障碍。

高铁职工作为家长，首先不要带着标准答案与孩子沟通，因为人都不喜欢被说服。沟通时，应该把 80% 的时间用于倾听孩子的诉说，20% 的时间用于说教。但很多高铁职工并未意识到这一点，总是在说教，却不给孩子表达的机会。其次，关注要源于真心。在与孩子沟通时，家长应放下手中的事，全身心去倾听。重视孩子的事情，会让孩子感觉到他很重要，这也是孩子自信心的重要来源。最后，父母与孩子沟通时，要像对待客户一样，树立服务意识。父母几乎每天都在向孩子"销售"自己的观点、知识、思想，应该考虑怎样让孩子高高兴兴地接受家长"销售"的东西。家长要做好服务，而不要以权威自居，对孩子发号施令。

当发现与孩子沟通不下去时可以采用"问号法"。"问号法"是指问题不能大而化之，问题要具体、翔实。如"今天的语文课上有什么收获？""做数学题的时候碰到什么困难？"。家长应把沟通的话，用叙述的语言、平和的语调说出来，把消极、负面的语言转化成积极、正面的语言。

2. 夫妻之间沟通

所谓沟通，是指通过相互的言语或非语言交谈，了解彼此的思想情感和意向，消除误会。婚姻生活中的夫妻双方也是如此，适当的交流与沟通，可以增进夫妻感情，让许多矛盾解决在萌芽状态；反之，缺乏必要的交流与沟通，绝不会"距离产生美"，反而只能拉开夫妻之间的亲密距离，滋生矛盾。因此，幸福的婚姻，必从良好沟通开始。图 4-2 为某高铁职工为值班妻子庆生。

图 4-2　某高铁职工为值班妻子庆生

1）爱不能没有细心

据研究，人与人之间的沟通 65% 是非语言的，人的一举一动，都包含着沟通的信息，如果夫妻之间能尽量体会、准确感知相互之间的非语言信息，有助于夫妻之间的良好沟通。真正关心对方，就应该思考自己是否真正理解对方的情感和需求，并给予必要的关注，一些小的行为或举动就能体现爱的细心。一直以来，鲜花就是爱情的象征。它们不贵，购买也很方便，但是，却很少有丈夫记得给妻子买花。高铁职工平时工作较为繁忙，可以选择在回家的时候买束花或爱吃的食物、喜欢的小礼物送给自己的爱人，这种微小但细心的举动往往胜过千言万语。

2）礼貌是婚姻的润滑剂

与人相处要彬彬有礼，婚姻生活中同样需要夫妻双方以礼相待。很多高铁职工下班回家后经常不注意与爱人沟通时的语气。蛮横无理的人，即使拥有全世界最高尚的品德、最帅气的外表，也拥有不了幸福的生活。多点礼貌，多点殷勤，爱情甜蜜、婚姻幸福的秘诀其实就是这么简单。人们都知道这点，却常常忽视它。

3. 与父母沟通

随着年龄的增长，我们变得愈加成熟，同时与父母产生许多代沟和隔阂，导致我们无法和父母进行有效的沟通和交流。高铁职工在与父母交流时，应注意以下几点。

（1）共同进步：有时候我们说话父母听不懂，这时我们应该向父母加以解释，同时帮助父母了解互联网，教会父母上网，这样可以帮助父母更好地与我们沟通。

（2）绝对服从：有时候我们认为父母说的话是错的而不去执行，和父母对着干，甚至争吵起来，这种做法不可取。如果我们知道父母说的不对我们可以先口头答应下来，等到父母心情平静时再与他们交流。

（3）时常陪伴：多和父母聊天，一起聊天过程中你就会发现父母的智慧，同时增进双方的了解，使大家以后相处更加融洽。

（4）询问意见：在做事情之前，跟父母商量一下，他们会很开心，并且他们给的意见都是对你有利的。

（二）与领导沟通

在高铁职工的日常工作中，经常要与同事、下属沟通，更要与上级领导沟通。与上级领导进行有效沟通是保持良好上下级关系的基础，对自己将来的成功和发展具有重要意义。

1. 与领导坦诚相待

在与领导沟通时，坦诚的态度十分重要。与人坦诚相待是一个人的优良品格。下属在工作中要赢得领导的肯定和支持，很重要的一点是要让领导感受到你的坦诚。工作中的事情不要对领导隐瞒，要以开放而坦率的态度与领导交往，这样领导才觉得你可以信赖，他才能以一种真诚的态度与你相处。

2. 学会主动沟通

高铁职工在工作中或多或少会存在一些失误，绝对不能消极躲避，而应主动地承认错误、改正错误。人都难免会犯错误，但有的高铁职工一旦在工作中出现纰漏或错误，就会感到内疚、自卑，甚至后悔。犯错误后，不主动与领导沟通、交流，而是唯恐领导责备自己，害怕见到领导。事实上，犯错误本身并不要紧，要紧的是你要尽早与车间领导、站段领导等进行沟通，以期得到领导的指正和帮助，取得领导的谅解。

3. 注意沟通场合和时机

当高铁职工要向领导提议一件事情时，注意场合、选择时机是很重要的。如果领导心情不好，或者处于苦恼之中，他可能是因为工作繁多已忙得焦头烂额，可能是因为受到上级的斥责感到消极颓废，可能是因为事业发展受阻感到压力过大，可能是因为家庭纠纷导致自己心情沮丧，也可能是因为遇到重大问题不能决断而感到迷茫。在这个时候，领导的心情特别差，你的意见他很难听进去，不便于沟通，所以尽量避免在这些时候向领导请示汇报。

（三）与同事沟通

同事是我们工作中接触最多的人，保持与同事的正常关系，培养与同事的默契是我们保证工作质量的必要条件。在与同事沟通时应注意几下几点。

1. 学会有效的倾听

除了小组集中作业，高铁职工工作过程中大多是通过对讲设备接收各类通知。没有面对面的目光交流和肢体语言展示。要实现有效倾听就需要高铁职工高度集中注意力并保持情绪稳定。如随车机械师接到动车组司机紧急通知时，不能被危急情况影响情绪，要冷静抓住对方话语中的重要信息，尽可能了解动车情况，以便做出快而有效的故障处理。接收通知过程中，如信息量过大，要做好笔记，如有遗漏或没听清也不要轻易打断对方，应在对方结束通知后进行追问。接收完信息后，要及时反馈。

2. 学会有效地传递信息

在传递信息前，要整理好逻辑，组织好语言，保证接收方能够理解；在传递信息时，尽量做到通俗易懂，少用描述性词语，利用最简单的言语表达最全面的信息，保证信息传递的效率。同时，也要注意语气，不要将负面情绪传递给接收方，影响对方的工作状态；发布完信息之后要注意对方的反馈，确保信息传递到位。

3. 正直、诚恳、热情

一般来讲品质好、能力强或具有某种专长的人容易受到他人的喜爱和尊重，所以在与同事接触的过程中要热情、真诚、坦率、友好、有责任感，同时适当施展自己的才华，表现自己的专长，使得同事能够接纳、信任和尊重自己。除了与同事相处，某些岗位的高铁职工在工作中需要与乘客打交道，如随车机械师在处理故障过程中，可能会遇乘客询问，此时要保持良好的态度，告知其具体情况，并用自己自信、专业的形象安稳乘客情绪。

4. 肯定对方、尊重对方、赏识对方

承认、理解、接纳和尊重同事，才能赢得同事的承认、理解、接纳和尊重，用换位思考、将心比心、以诚换诚的心态和行为与他人相处，这样才能实现有效的沟通和情感的共鸣，才能获得同事的支持和肯定，才能在工作中收获愉悦、和谐的情绪体验。高铁小组作业过程中往往需要多人配合，小组成员要学会在合作过程中肯定对方的工作表现、及时发现他人的困难之处并伸出援手。

第二节　心理适应能力团体层面提升方式

一、心理适应能力团体训练

心理适应能力团体训练主要是指借助于精心设计的主题团体活动来提升高铁职工适应角色冲突的能力。团体训练主要是指工作家庭平衡训练，下面将详细介绍工作家庭平衡训练的实施内容。

1. 活动目的

（1）提高高铁职工适应角色冲突的能力。

（2）加深高铁职工对家庭关系的认识。

（3）协助高铁职工探索在工作与家庭环境中面临的困难及成因。

（4）促进高铁职工的情感表达，加强与家庭的纽带联结，处理好家庭关系。

2. 适用对象

适用于需要提升适应角色冲突能力的高铁职工。

3. 活动人数

30～40 人。

4. 活动时间

1 小时。

5. 活动场地

高铁职工心理健康室。

6. 训练内容

具体训练内容见表 4-1。

表 4-1　工作家庭平衡训练内容

序号	结构	目标	活动	时间	备注
1	引导热身	带领者介绍团体训练的内容和目标，解释参与要求；集体热身，调动氛围	无家可归	5 分钟	
2	分组相识	分组；相互认识，增强对他人的觉察，学习关注	问与答	10 分钟	提前准备分组卡片
3	我说我家	探索当前家庭关系的现状	家庭金鱼缸	15 分钟	
4	小结	带领者进行小结，提高参与积极性、聚焦团体目标		5 分钟	
5	我爱我家	促进高铁职工觉察自己在工作和家庭中的不同角色及相互影响	家庭与工作关系中的我	15 分钟	
6	我建我家	促进高铁职工正确面对工作家庭矛盾，以积极心态寻求解决途径	秘密大会串	15 分钟	
7	结束与总结	回顾团体过程，结束团体	大团圆《相亲相爱的一家人》	5 分钟	

1）无家可归

目的：让成员体会和感受自己与家庭的关系，家庭对自己的重要性。

时间：10分钟。

操作：开始时让所有成员手拉手围成一圈，充分体会大家在一起的感觉。然后，带领者说："变，4个人一组。"成员必须按照要求组成4人组，不能多也不能少。带领者可以多次变换数字，让成员有机会改变自己的行为，积极融入团体，体验有家的感觉，体验团体的支持。

分享要点：找不到家是怎样的感受？找到家了又是怎样的感受？要找到家有什么技巧吗？

2）问与答

目的：促进成员关注他人的感受，并达到相识。

时间：10分钟。

操作：每位成员先简单自我介绍，然后任选一位成员作为被关注者，其他人每人问他一个问题，问一个答一个，然后小组每个成员都轮流做一次"被关注者"。除了政治、宗教问题，可以随便提问。如果别人问的问题自己不想说，可以表达出来。

分享要点：采用问与答的形式可以让团体成员的注意力高度集中起来，尽快加深对彼此的了解，在这个过程中你是怎样理解和观察到"关注和被关注"的？对于团体中的各个成员都应该得到关注。

3）家庭金鱼缸

目的：促进成员理解自己在家庭中所处的角色，协助成员觉察当前家庭关系的现状和问题。

时间：15分钟。

工具：每人一张A4白纸，每个小组一套水彩笔。

操作：带领者先说明这个活动并不需要特别的绘画技巧，依照自己内心的想法用图画表达出来就可以了。每人发一张纸，画一个金鱼缸代表你的家庭。在这个金鱼缸里，你的家庭成员都有谁（如鱼、水草、卵石、气泡等）？他们分别处在什么位置？想一想，然后请把他们画出来。

分享要点：金鱼缸中的各个物体分别代表的是家庭中的哪位成员？根据所在位置分析家庭成员的性格和相互关系是怎样的，成员对家庭的现状满意吗？如果不满意，能做哪些改变，会改变成什么样子？

4）家庭与工作关系中的我

目的：全面认识家庭中的自我，促进成员清晰了解家庭对自己的影响，对自己的个性特征形成更明确的认识。

时间：15分钟。

工具："工作与家庭关系中的我"练习纸（如表4-2所示）、笔

操作：每人一张练习纸，自己思考后填写，填完后小组交流。

表4-2 "工作与家庭关系中的我"练习纸

爸爸眼中的我	爱人眼中的我	领导眼中的我	自己眼中的工作我	自己眼中的家庭我
妈妈眼中的我	孩子眼中的我	同事眼中的我	理想的工作我	理想的家庭我

分享要点：填写的过程会反映出不同的心态。你对哪一个人的看法最重视，为什么？最难填写甚至填不出来的是什么，为什么？填的内容是正面还是负面的多，为什么？这个练习可以从多个角度来看自己，帮助自己更深入地看待自己所处的各种环境和关系。

5）秘密大会串

目的：帮助成员面对与处理当前的困扰。

时间：15分钟。

工具：纸、笔。

126

操作：带领者请每位成员想一想当前在工作和家庭中最困扰自己的事情是什么，最想解决的问题是什么，然后写在纸上，不署名。写完后，按照相同的方式叠好，放在小组中央。全体成员写完后，随机抽出一张，大声念纸上的内容，请团体成员共同思考，帮助提问题的人想办法解决问题。因为匿名，可以减少成员的担忧，大胆提出问题，全体成员共同想办法，帮助别人也帮助自己。讨论完一张，再讨论另一张，直到所有纸条上的问题都逐一解决。最后，带领者引导成员思考怎样从他人经验中学习成长。

分享要点：成员们的问题和困扰有哪些相似和不同？大家应对和解决这些问题时的方式都有哪些不同？对此有什么感受和发现？

6）相亲相爱一家人

目的：通过身体的接触带来温暖和力量，使小组成员体验在一起的感觉，获得支持和信心。

时间：5分钟。

操作：所有成员站立，手拉手围成大圈，将两手搭在两侧成员的肩上，一起跟随《相亲相爱的一家人》的歌曲旋律摇摆，使全体成员在轻松而有内聚力的情景中告别团体，走向生活。

二、心理适应能力实作训练

实作训练是指结合高铁职工的现场实训和考核环节，加入相应培训手段，以此提高高铁职工的心理适应能力。具体来说有以下两点。

（1）在培训时可结合现场实训，加入时间限制，模拟真实的紧张状态，从而提升高铁职工的适应时间紧迫的能力。

（2）可通过观看视频图片等资料，重现其工作环境，使个体反复感受真实环境，从而帮助高铁职工提高适应野外工作能力、适应高电压工作环境能力、适应密闭工作环境能力、适应枯燥工作能力、适应被关注的能力。

第五章　高铁主要行车工种岗位人员认知能力提升方式

第一节　认知能力个体层面提升方式

认知能力个体层面提升方式主要指从受训者自身出发,通过日常的训练、良好的习惯、特定器材的练习来综合调节并提升高铁主要行车工种岗位人员认知能力的方法。高铁主要行车工种岗位人员认知能力个体层面提升方式主要包括专业认知能力提升训练、认知自我提升训练、认知自我调节训练等。

一、专业认知能力提升训练

专业认知能力提升训练主要是通过特定的训练设备,不断提高高铁主要行车工种岗位人员的注意力集中能力、逻辑判断能力、手眼协同能力、学习能力、注意力分配与转移能力、作业平稳能力等专业认知能力。提升高铁主要行车工种岗位人员专业认知能力训练主要包括认知能力综合训练、动作稳定训练、学习能力训练、注意力分配训练和注意力集中训练等。

(一) 认知能力综合训练

认知能力综合训练主要用于提高注意力集中能力、逻辑判断能力、手眼协同能力、注意力分配与转移能力、作业平稳能力、学习能力等全部专业认知能力,适用于所有高铁主要行车工种岗位人员。训练载体为基于计算机网络技术开发的"铁路职工心理素质训练系统"(如图 5-1 所示)。

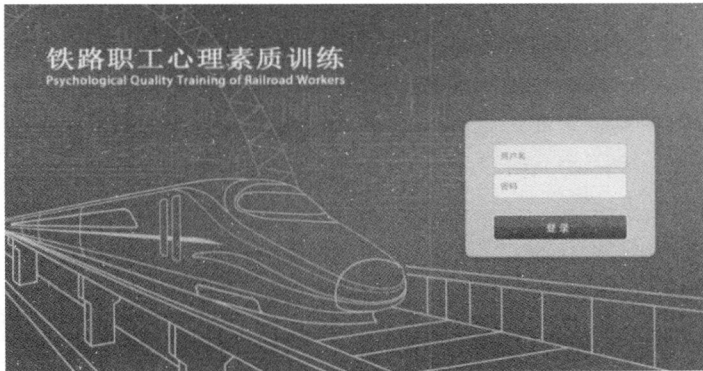

图 5-1 铁路职工心理素质训练系统

（二）动作稳定训练

铁路是一个复杂的人-机-环境系统，对于铁路职工来说，在工作的过程中，经常会遇到特殊问题或紧急问题。因此，通过动作稳定训练，可以提高高铁主要行车工种岗位人员的逻辑判断能力、注意力分配与转移能力，从而更好地缓解因突发事件、特殊信号带来的业务紧张和职业紧张。图 5-2 是动作稳定训练仪。

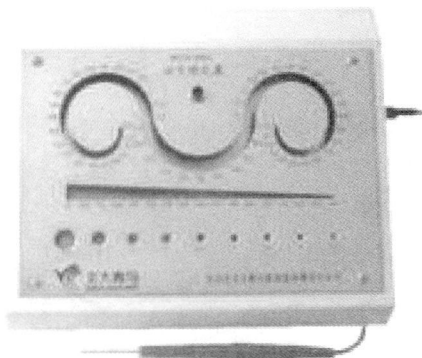

图 5-2 动作稳定训练仪

（三）学习能力训练

随着铁路的快速发展，新设备、新技术的不断更新，为更好地胜任岗位工作，高铁主要行车工种岗位人员需要快速掌握新技术、新知识。因此，通过学习能力训练，可以提高高铁职工的学习能力，缓解知识、技能、设备更新带来的业务紧张。图 5–3 是学习能力训练仪。

图 5–3　学习能力训练仪

（四）注意力分配训练

对于很多高铁主要行车工种岗位人员来说，工作中不仅需要注意力的集中，还需要兼顾各方面的信息。因此，通过注意力分配训练，可以提高高铁职工的注意力集中与分配能力。图 5–4 是注意力分配训练仪。

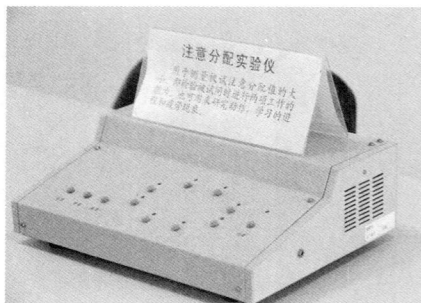

图 5–4　注意力分配训练仪

（五）注意力集中训练

对于高铁主要行车工种岗位人员来说，在工作的过程中，经常需要知觉与行为的协调配合。因此，通过注意力集中训练，可以提高高铁职工的作业平稳能力、注意力集中与分配能力、注意力集中能力、手眼协同能力，从而更好地缓解视觉、听觉等知觉与行为不协调带来的业务紧张和职业紧张。图 5-5 是注意力集中训练仪。

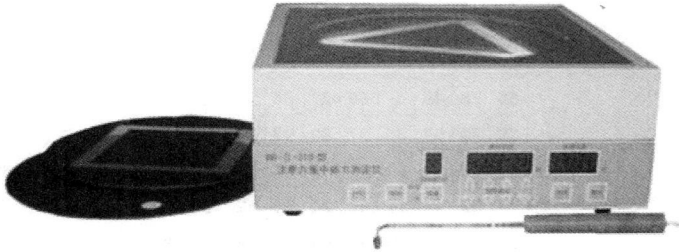

图 5-5　注意力集中训练仪

二、认知自我提升训练

认知自我提升训练是指受训者通过日常练习，不断提高注意力集中能力、注意力分配与转移能力、作业平稳能力等认知能力。认知自我提升训练主要包括凝视训练、方格训练、单脚站立训练、一心二用训练、自我中心训练等。

（一）凝视训练

养成每天看小东西的习惯，称之为"凝视法"。随着凝视，意识会逐渐缩小到狭窄的范围内，使精神凝聚和高昂。进行凝视训练时，首先，任意挑选一种身边的小物件，如钢笔或橡皮等，一旦觉得厌烦，马上闭上眼睛，在脑海中回想刚才见过的东西，并且要从各方面去描写，如色彩、形状、材质等，尽可能全面；然后换另一种物品。这种方法可随时随地训练，特别适用于工作期间需要高度集中注意力的地勤司机、地勤机械师、随车机械师、接触网作业车司机、轨道车司机等。

（二）方格训练

这个训练需要一个包括 1～100 的数字方格，方格中数字排列如图 5-6 所示。训练时要求受训者扫描这个方格，并且在一段时间内（通常在 1～2 分）尽可能多地按照顺序划下数字（如 1、2、3 等）。研究发现，注意力集中能力、扫描能力强的人在一分内可以划记 20～30 个数字。该训练还可以在别人大声讲话或是噪声环境下进行，以提高受训者的抗干扰能力。这个训练主要是通过扫描方格来提高高铁职工的注意力集中能力。

80	78	49	5	59	27	84	43	100	55
30	79	57	35	37	83	97	82	15	48
29	32	94	61	51	93	87	36	34	22
77	52	45	17	40	24	44	12	9	73
26	6	14	19	95	58	4	28	10	99
23	69	46	56	21	74	54	53	47	3
76	62	67	8	92	96	16	91	98	85
63	13	70	38	42	31	68	64	20	7
39	2	75	25	41	90	65	1	89	18
50	71	60	86	11	33	66	88	81	72

图 5-6　方格训练

（三）单脚站立训练

找一个远离桌椅或其他不可能造成受伤物体的地方单腿站立，逐渐将身体重心移向这只腿，两臂伸展，与肩同高，然后慢慢抬高另一只腿。在感到舒适后，闭上眼睛，努力保持平衡。一旦眼睛睁开或离地腿的脚触地，便停止练习，并记录保持平衡的时间。单腿站立的目的是以一种身体训练来提高受训者的注意力集中能力，适用于工作期间需要高度集中注意力的地勤司机、地勤机械师、随车机械师、接触网作业车司机、轨道车司机等。

（四）一心二用训练

在驾驶过程中，动车组司机既需要监控前方轨道，根据信号调整速度，又需要同时关注多个仪表盘和列车各项设备运行状况，因此需要较强的注意力分配与转移能力。注意力分配可以通过后天培养，尝试同一时间做两件或两件以上的事情，并保证事件完成的效率。例如数数字：从 100 到 1 倒背，同时听广播，并在数数结束后复述广播内容，摘出要点。又如，一边左手画圆，一边右手画方。高铁职工通过长期训练可以提高自身注意力分配与转移能力。

（五）自我中心训练

自我中心训练也叫学院式练习，强调对知识的理解、记忆、归纳、解析，主要强调解决自己的问题、提升自己的能力。自我中心训练需要从提高内化和应用知识的能力、分析和整理信息的能力、追问和反思经验的能力这三个维度入手，并且学会建立自己的知识体系，从而达到知行合一。该方法非常适用于车载通信设备维修工、列控车载信号设备维修工、动车组司机、轨道车司机、接触网作业车司机等高铁职工。自我中心训练的主要内容如下。

1. 内化和应用知识

在面对新的信息时，应当先询问自身之前是否接触过类似的信息，并进行对比。在消化信息的过程中要学会用自己的语言简要重述相关信息，得出要点和启示，并规划好自己今后如何应用该信息，包括应用的目标，以及达到目标的具体行动。

具备内化和应用知识能力的一个表现，就是把附会的本能反应升级为界定新知与旧知二者边界的理性反应，从而更深入、更敏锐、更清晰地理解新知，同时还能加深对旧知的认识。

2. 分析和整理信息

高铁职工在每次培训、学习和技能考试后，应该对所接受的知识和信息进行详细记录，定期回顾并进行归纳整理。并非所有信息都是有用的知识，应当对其进行判断，适当筛选。日常技能培训和课程学习中知识量较大，高铁职工需要提升分析和整理信息的能力，这样才能提高培训、学习的效率。

3. 追问和反思经验

经验经由反思和追问可以沉淀为信息,信息经过分析和整理可以升华为知识,知识经过联结和行动可以内化为能力。行动带来新的经验,学习带来新的信息,反思带来新的知识。如此不断地在体验和反思中循环,就能达到知行合一,产生学习之道。高铁职工应加强实践,将所学的知识应用于实践，多动手锻炼自己的实操水平。

三、认知自我调节训练

认知自我调节训练是指受训者通过培养良好的生活习惯，缓解工作疲劳从而提升自身认知能力的方法。认知自我调节训练主要包括适量运动、充分休息、益智训练、健康饮食等。

（一）适量运动

工作之余做一些简单的运动可以有效保持大脑活力。有研究表明，定期的运动能提高大脑约 10%的认知能力。高铁职工可以结合自身兴趣爱好进行慢跑、散步、跳舞、篮球等运动，如图 5-7 所示。此外，户外运动还可以晒太阳，促进体内维生素 D 的合成。维生素 D 可以有效提高工作效率，还可以延缓大脑老化。因此，适量的运动对于高铁职工保持身体健康，提高认知能力非常有效。

图 5-7　适量运动

（二）充分休息

有研究表明，充分的休息可以有效保证大脑兴奋度，从而提高认知能力。由于铁路特殊的工作要求，高铁职工的作息时间不太稳定，工作间休时要努力让大脑尽快得到充分的休息，这样才能调节上一阶段大脑的疲惫，保证下一阶段工作的效率，从而达到事半功倍的效果。图 5-8 是高铁职工回公寓休息。

图 5-8　充分休息

（三）益智训练

有研究表明，进行俄罗斯方块、七巧板、华容道等益智训练（如图 5-9 所示），可以使大脑皮质的灰白质增加，从而提高人的逻辑判断能力和空间想象能力。此外，还有研究表明益智训练可以转移注意力，能让高铁职工更快地从紧张的工作状态中缓解下来，从而起到调节认知疲劳的作用。

图 5-9　益智训练

（四）健康饮食

在日常生活中常常会听到某种食物对大脑有益,其实想要提升自身的认知能力,单靠某一种食物是很难做到的。靠食物来提升大脑的认知能力最重要的一点就是确保大脑可以摄入均衡的营养元素。因此,在日常就餐中需要综合考虑营养的摄入,保证健康饮食(如图 5-10 所示)。食物中的脂肪酸、氨基酸以及一些抗氧化的成分对提高大脑认知能力非常有效。坚果中所富含的维生素 E 对提高智力

图 5-10　健康饮食

也非常有效。食用品种丰富的水果、蔬菜以及谷物类食物不仅有利于大脑健康，对身体健康也十分有益。此外，研究表明适量的咖啡可以短时间内提高大脑的注意力，保证工作质量。但咖啡只能起到暂时性的效果，不建议长期饮用。

处于轻微的饥饿状态可以保证大脑充足供血，使大脑冷静，此时与大脑相关的注意力、记忆力等认知能力也会随之提高。当处于饱腹状态时身体会优先供应胃部血液，从而产生疲劳、犯困等，使认知能力降低。因此高铁职工在工作前不宜过度饮食，处于轻微的饥饿状态更有助于工作效率的提高。

第二节　认知能力团体层面提升方式

一、认知能力团体训练

（一）无领导小组讨论

1. 活动目的

无领导小组讨论是采用情景模拟的方式，将一定数目的参与者组成一组（8～10 人），进行一定时间的给定相关问题的讨论，并做出决策，如图 5-11 所示。讨论过程中不指定谁是领导，也不指定参与者应坐的位置，让参与者自行安排组织，从而在问题讨论过程中提升参与者的组织协调能力、口头表达能力、辩论的说服能力等各方面的能力和素质。

图 5-11　无领导小组讨论

2. 适用对象

适用于需要提升故障描述能力的高铁主要行车工种岗位人员。

3. 活动人数

人数不限，8～10人一组，分组进行。

4. 活动时间

20分钟。

5. 场地及道具

教室；案例、纸、笔。

6. 活动程序

每个小组发放一个所需讨论的案例，5～10分钟的个人思考之后进行小组讨论；10分钟后选出一名代表发言，阐明本组讨论的结果。

7. 示例案例

案例一：

在海难，一艘游艇上有八名游客等待救援，但是直升机每次只能够救一个人。游艇已坏，不停漏水。寒冷的冬天，刺骨的海水，情况非常紧急。

游客情况：

A 将军，男，69岁，身经百战；

B 外科医生，女，41岁，医术高明，医德高尚；

C 大学生，男，19岁，家境贫寒，参加国际奥数大赛获奖；

D 大学教授，男50岁，正主持一个科学领域的研究项目；

E 运动员，女，23岁，奥运金牌获得者；

F 经理人，男，35岁，擅长管理，曾将一大型企业扭亏为盈；

G 小学校长，男，53岁，劳动模范，五一劳动奖章获得者；

H 中学教师，女，47岁，桃李满天下，教学经验丰富。

问题：请将这八名游客按照营救的先后顺序排序并说明理由。

案例二：

你们正乘坐一艘科学考察船航行在大西洋的某个海域，考察船突然触礁并开始下沉，队长下令全队立即上橡胶救生筏。据估计，离你们出事地点最近的陆地在正东南方向1 000海里处。救生筏上备有以下物品：指南针、剃须刀、镜子、饮用水、蚊帐、机油、救生圈（1箱）、压缩饼干（1箱）、小收音机1台、航海图1套、二锅头1箱、巧克力1千克、钓鱼工具1套、15英尺系缆绳、驱鲨剂1箱、30平方英尺雨布1块。

问题：现在要求按物品的重要性进行排序并说明理由。

（二）驿站传书

1. 活动目的

让高铁职工了解信息的共享及及时反馈的重要性；提升高铁职工信息传递能力和接收信息后的反馈能力。

2. 适用对象

适用于需要提升协作配合能力的高铁主要行车工种岗位人员。

3. 活动人数

人数不限，12～16人一组，分组进行。

4. 活动时间

30分钟。

5. 活动场地

室内。

6. 活动道具

铁路行业专业用语信息卡片、纸、笔。

7. 活动程序

每个小组排成一列，每个人就相当于一个驿站（如图5-12所示），培训师会把一个带有铁路行业专业用语的信息卡片交到最后一位组员的手中，看5～10秒后最后一名组员要利用语言或非语言手段（不能直接说出这个信息）把这个信息传递给前面的组员。每个组员根据自己接收到的信息依次向前传，最前面的组员收到信息以后要迅速举手，并把自己所理解的信息写在纸片上，交给最前面的培训师。

图 5-12　驿站传书

8. 活动规则

（1）没有轮到传递信息的组员戴上耳机听音乐，不能转身、回头，传到时再摘下耳机。

（2）每个人传递信息的时间不能超过 1 分钟。

（三）链接加速

1. 活动目的

建立小组成员间的默契，促进沟通与交流，使小组更加团结。

2. 适用对象

适用于需要提升协作配合能力的高铁主要行车工种岗位人员。

3. 活动人数

人数不限，6 人一组，分组进行。

4. 活动时间

15～30 分钟。

5. 活动场地

室外空旷大场地。

6. 活动程序

参加者 6 人一组，后边的人左手抬起前边的人的左腿，右手搭在前边的人的右肩形成小火车，最后一名队员也要单脚跳步前进，不能双脚着地（如图 5-13 所示）。场地上划好起跑线和终点线，其距离为

30 m，训练开始时，各队从起跑线出发，跳步前进，绕过障碍物回到起点，最先到达起点线的为获胜小组。按时间记名次，按名次记分。

图 5-13　链接加速

7. 活动规则

（1）训练过程中队员必须跳步前进，不允许松手（一直保持抬起前边人的左腿），以防止出现断裂现象，队伍断裂必须重新组织好，从起点重新开始训练。如果不重新组织，继续前进，则成绩视为无效，记为 0 分。

（2）以各队最后一名队员通过终点线为准。

（3）比赛过程中，参赛队必须在规定的赛道进行比赛，不许乱道，犯规一次扣时 2 秒，依次累加。

二、认知能力实作训练

结合本岗位实作训练开展相应的认知能力训练。高铁主要行车工种岗位人员心理素质培训中认知能力包括注意力集中能力、逻辑判断能力、手眼协同能力、学习能力、注意力分配与转移能力、作业平稳能力、协作配合能力、故障描述能力。实作训练具体开展方式见表 5-1。

表 5–1　实作训练

认知能力	实作训练
注意力集中能力	在实训过程中要求受训者关注单一目标，并随时汇报目标状态，在受训者注意过程中可以施加干扰，以此训练受训者的注意力集中能力
逻辑判断能力	在实训过程中设置复杂故障，要求受训者回答故障的成因、危害、处理方案、注意要点，以此训练受训者的逻辑判断能力
手眼协同能力	在实训过程中设置复杂故障，要求受训者在规定时间内查找故障、汇报故障并对故障进行处理，要求受训者做到眼到口到手到，训练其手眼协同能力
学习能力	在实训中不断加入新装备、新知识、新技能，不断提高受训者的学习能力
注意力分配与转移能力	要求受训者根据实训需要同时关注多个目标，并由培训师随时提问，要求汇报多个目标状态，以此训练受训者的注意力分配与转移能力
作业平稳能力	在实训过程中根据实训需要，要求受训者持续进行基础性操作，考察其作业平稳性及准确性，以此训练受训者的作业平稳能力
协作配合能力	根据实训要求划分班组并规定每人工作职责，在实训过程中以班组为单位处理故障，以此训练受训者的协作配合能力
故障描述能力	在实训过程中设置复杂故障，要求受训者在规定时间内查找故障并向培训师汇报故障，考察故障描述是否全面、清晰，以此训练受训者的故障描述能力

第六章　高铁主要行车工种岗位人员工作价值观培训

和谐铁路建设取得了很大成绩,使中国铁路站在了一个新的历史起点上,铁路改革发展进入了关键阶段,面临的任务仍然极为艰巨。铁路现代化建设的新形势要求高铁职工增强使命感、责任感和安全意识,为实现铁路建设的目标任务努力奋斗。实现铁路改革的任务需要工作价值观的支撑,需要以遵章守纪、服从指挥和按标作业为原则,需要以爱岗敬业、奉献精神为根基。这就要求铁路企业和职工切实提升高铁主要行车工种岗位人员的工作价值观。

第一节　工作价值观个体层面培训

一、学习工作价值观基本知识

提升工作价值观是一个人对于工作的热爱和自我尊重的体现。一个人只有树立正确的价值观,才能在职业活动中处处做有心人,才会全心全意地工作;增进工作的主动性,发挥积极的主观能动性,才会利用一切机会锻炼自己。正确的工作价值观的树立,应当从以下三个方面来努力:一是树立正确的人生观,要以科学的理想为指导,不断校正人生航向,进而树立正确的职业理想;二是充分认识自己所从事岗位的工作意义,对工作意义认识得越深刻,职业道德修养的自觉性就越高;三是正确认识自己,找准个人职业理想的切入点,以主人翁的态度对待本职工作。图 6-1 为高铁党员干部学习工作价值观基本知识的情景。

图 6–1　高铁党员干部学习工作价值观基本知识

● 【案例】

"干这个工作是一种光荣，更是一种责任和压力，稍不注意就会出问题，必须时刻绷紧安全生产的弦，虽然干得有些吃力，但它给我带来了快乐，我会在学习中一直干下去。"说这话的，是共产党员、上海铁路局徐州电务段徐州信号车间夹沟信号工区工长、铁路系统全国五一劳动奖章获得者武学。

电务设备更新换代快，并非科班出身的武学带头苦学，既向书本学，也向周围的同事学，并参加段里组织的各种培训。因此，他的业务技能提高很快，逐渐成为车间乃至段里的业务尖子。

勤于学习的武学还善于思考。在京沪线精品站建设中，他率先提出在管内更换提速道岔滚动式锁闭框、基础钢板改椭圆眼、增加减震装、区间改造四端电容、安装辅助线冗余设备、轨道电路区段更换防腐线等合理化建议，从根本上提高了设备运用质量。精检细修是武学的法宝，他将心思全都放在辖区内电务设备的养护维修上，和7名工友一起"呵护"着信号灯。武学担任工长工作6年，夹沟信号工区从未发生设备故障。他也由于成绩突出获得了"铁道部劳动模范"称号和"火车头奖章"等荣誉。

二、积极乐观，学习先进，端正职业态度

一个人的工作价值观水平必然体现在其对工作的态度上，具有良好工作价值观的人，必然会对本职工作充满热情，劳动态度端正，在

工作中兢兢业业，尽职尽责。因此，高铁主要行车工种岗位人员可以通过向身边先进人物学习，培养积极乐观的态度，激励自己，进而提升个人价值观。

祖国建设的不同时期都会涌现出大量的先进人物，他们在各条战线上做出了平凡而伟大的工作业绩，是我们学习的榜样。榜样的力量是无穷的。无论是售票员孙琦还是火车司机鞠波，他们一个共同的特点就是热爱祖国，品质高尚，苦干实干，不计名利，立足一个岗位就在这个岗位上无私奉献自己的光和热。我们要用他们高尚的品德和执着的敬业精神不断激励和鞭策自己，以提高自己的工作价值观。

向先进人物学习时，一是要有"信心"，消除"先进人物高不可攀"的片面观点；二是要有"诚心"，不要用市侩式的眼光看待先进人物，把他们高贵的牺牲精神说成是"冒傻气"；三是要"虚心"，反对在先进人物身上专找缺点，不愿学习他们的好思想、好作风；四是要有"耐心"，达到先进人物的境界是不容易的，要经得起"苦""累"和时间的考验。在先进人物表率作用和高尚工作价值观的感召下，通过内心世界的消化和吸收，高铁主要行车工作岗位人员一定能提高自身的工作价值观。

⬤ 【案例】

已在宝成线秦岭深处坚守了 14 年的何军刚，走起路来像一阵风，一干起工作浑身好像有使不完的劲儿（如图 6-2 所示）。宝昌线路工区是全路唯一一个以烈士的名字命名的工区。1998 年 12 月，21 岁的何军刚退伍后，被分配到这个偏远工区工作。面对艰苦的工作和生活环境，何军刚也曾感到迷茫和困惑。于是，工区的老工长把他带到烈士墓前，给他讲述了胡宝昌与偷盗铁路器材的不法分子英勇搏斗的事迹。"当晚，我失眠了。我下定决心，要向老'宝成人'学习，向胡宝昌烈士学习，活出精气神来。"回忆起刚到工区时的情景，何军刚的眼里充满了笑意。在何军刚和一代代工长的努力下，何军刚所在班组 2007 年被命名为全国"青年文明号"。何军刚则先后获得"火车头奖章"和"全国铁路劳动模范"等荣誉称号。

图6-2　何军刚带头认真工作

三、积极参加社会实践，坚持知行合一

积极参加各种社会实践和职业活动，在实践中刻苦磨炼自己，坚持知行合一，这是提升工作价值观的重要途径。在社会实践中，高铁职工要把学和做结合起来，把学到的工作价值观理论知识、对待工作的正确价值观运用到工作实践中，落实到提升工作价值观的行为中，以正确的价值观指导实践，理论密切联系实际，学做结合，知行合一。社会实践是培养良好工作价值观的大课堂。离开社会实践，高铁职工既无法深刻领会工作价值观理论，也无法将道德品质和专业技能转化为造福人民、贡献社会的实际行动，因此，应该将自己投入到火热的社会实践中去，在实践中锻炼，在实践中成长。在职业技术培训中，为了适应未来工作的需要，提高自己的思想和业务水平，实践训练是一个不可缺少的环节。很多先进人物的高尚职业品质都是通过积极参加社会实践，在实践中刻苦磨炼出来的。

【案例】

2006年6月，斯朗卓玛（如图6-3所示）刚到拉萨站报到的时候，正值青藏铁路开通运营初期。怀着一颗强烈的事业心，她忘我地投入到工作中，总想多做些什么，不是挑头张罗举办职工藏英双语培训班，就是放弃休息去车站替岗帮忙。她这个闲不住的习惯至今未改。近6年时间里，斯朗卓玛勇于接受不同岗位的挑战，从进站引导、检票员、贵宾接待员、旅客乘降组织人员、售票员、进款管理员、票据管理员、计划管理员、售票组织员到客运班组助理值班员、售票班组值班员、客运车间干事，以及兼职团委副书记、兼职客运运转党支部委员和女工委员，在每个岗位上，她都认真学习、仔细领会，做得有模有样。由于工作出色，她先后获得了"火车头奖章""铁道部优秀共产党员"、西藏自治区"三八红旗手"等荣誉称号。调入车间工作后，斯朗卓玛把丰富的现场工作经验融入客运管理工作中，摸索出"一听四看两卡死"检票法：通过听旅客声音；看旅客的唇色、面色、神情是否异样，旅客走路的姿态是否正常，旅客所持车票是否正确，《旅客健康登记卡》是否填写完整；对无票旅客和未填写《旅客健康登记卡》的旅客坚决卡死，确保旅客高原旅行安全。在藏族朝觐旅客运输高峰期，她总是早早来到候车室，一字一句为旅客讲解《旅客健康登记卡》的填记方法及乘车须知，并引导重点旅客提前进站上车。到了放行时刻，她经常帮农牧民旅客扛起一件件大行李，跑前跑后。这就是斯朗卓玛，以自己的青春热血、理想、信念、奋发向上的精神和无穷的创造力如雪莲花一般盛放在雪域高原的拉萨站。

图6-3　斯朗卓玛

四、明确职业责任，展开批评与自我批评

每一个从事职业工作的人，都对国家、社会和企业负有相应的职

业责任。只有牢固地树立起职业责任意识，才可能提升工作价值观。高铁职工必须把正确的工作价值观看得重于泰山，忠于职守，尽职尽责，做好自己本职岗位上的每一项工作。天气虽寒冷，高铁职工仍尽职尽责（如图6-4所示）。

图6-4　天气虽寒冷，高铁职工仍尽职尽责

高铁职工对工作的态度决定了其对人生的态度，在工作中的表现决定了其在人生中的表现，在工作中的成就决定了其在人生中的成就。所以对于每个人来说，选择了一个职业或者选择了一个岗位，就必须接受它的全部，在工作中勇敢地负起责任来。工作意味着责任，将责任深植于内心，让它成为我们脑海中一种强烈的意识，通过增强责任感来提升对工作价值观深刻的认识，进而在日常工作和行为中表现得更加卓越。不管位于哪类高铁主要行车工作岗位，只要有高度的责任感作支撑，再平凡的工作都会为你赢得尊重和敬意。

工作价值观的评价包括两个方面：一是价值观的社会评价，也就是社会的价值观舆论，是外在的压力；二是价值观的自我评价，也就是人们对于自己行为所做的良心上的检查，这是内在压力。开展批评与自我批评是从业人员进行职业道德修养的重要方法。古人云："人非圣贤，孰能无过？"我们要做严于解剖自己、勇于自我批评的人。认真而经常地进行批评和自我解剖，是提升工作价值观的重要方法。

五、严格遵守职业纪律，提升思想境界，做好慎独

职业纪律是为确保企业安全顺利运转而制定的行为规范。高铁职工遵守职业纪律既是确保铁路运输安全的要求，也是高铁职工工作价值观提升的重要内容。

"慎独"是指在没有外界监督独自一人的情况下，也能自觉遵守道德规范，不做任何对国家、社会、他人不道德的事情。它既是一种重要的道德修养方法，又是一种崇高的精神境界，它是衡量一个人道德觉悟和思想品质的试金石。"慎独"是自觉道德意识的体现。

在现实生活中，人的一言一行、一举一动不可能时时处处受到他人监督，所以，只有自律，防微杜渐，才能"慎独"自守，把握自己，从而逐步达到较高的道德水平和道德境界，使个人工作价值观得到真正提升。

一个人要真正做到"慎独"是很不容易的，需要经过长期的、艰苦的自我锻炼，要时时、处处、事事严格要求自己。真正做到"慎独"，是品德纯正的一种表现。培养"慎独"精神，要在细微的地方下工夫，大处着眼，小处着手，防微杜渐。还要特别重视自制能力的培养，随时随地用职业道德规范严格要求自己的行为，始终如一地坚持自己的职业价值观念。

慎独是一种职业修养，是一种认真负责的态度，是一种敬业精神的体现。

六、时刻保持职业荣誉，从自身做起，从现在做起

高铁职工要时刻想着，用自己的出色工作，为高铁职业增荣誉、添光彩。要成为一个有工作价值观的人，并不是通过一两件事情就能养成的。只有在平凡的日常工作生活中，从点点滴滴做起，通过长期积累，才能逐步培养、形成优秀道德品质。因此，要从我做起，严格要求自己。工作价值观的提升是一辈子的事情，登上一个高峰之后还有更高的高峰等待着攀登。只有脚踏实地，一步一个脚印地从现在做起，从点点滴滴的平凡事情做起，坚持不懈，才能达到理想的道德人

格。久而久之，就会养成一种道德习惯，逐步坚定道德信念，塑造优秀品质。这样，在关键时刻才能挺身而出，做出不平凡的伟大业绩。

提升自身工作价值观是一个长期的改造自己、完善自己的过程，而这个过程可以从养成良好的行为习惯做起。而良好行为习惯的养成需要从我做起，从现在做起，从小事做起。古人曰："九层之台，起于垒土。千里之行，始于足下。""勿以恶小而为之，勿以善小而不为。"这都是说一个人良好的行为习惯是从一件一件小事做起的。如果一个人连一件有利于社会和他人的小事都做不到，那么就不会有强烈的社会责任感和无私的奉献精神，就不会有良好的职业道德品质和崇高的精神境界，个体价值观的提升更无从谈起。

● 【案例】

武汉铁路局张某是大修车间二工区工长。他热爱工作，关心职工，无论是在原提速工班，还是现在的二工区，他都是身先士卒，带领职工为车间的安全生产做出贡献。张工长所带的工班一直承担着车间路基大修和清筛换枕的大型施工任务，工期短、劳力多、作业点广，安全工作是头等难题。张工长在每项施工前都做了精心准备，制订施工方案，确定施工标准和安全环节。他还坚持在每项施工前对民工做安全教育。因为他一直把"安全就是效益"当作座右铭，无论多么困难，他都要坚持底线，为此他得罪了许多民工、职工，但每次他都能劝服别人牢牢遵守各项安全规章，其安全管理得到了车间的肯定。

路基检修，确保安全（如图6-5所示）。注意安全，但绝不马虎质量。同安全一样，生产方面他也有一句口诀："质量就是生命。"路基大修工作常常是将路基原有状态全部更改，如果在中间的施工环节或是施工后的整修方面做得不好，就会破坏线路的稳定，给安全造成隐患。为此，每项工程施工前，他都要仔细核定技术数据，同时传达给每个监控职工，督促他们抓好施工技术标准。有一次某职工带班，其所在民工队的工人是他老乡，在进行垫碴作业时，没有按规定开挖深度，被张工长发现，他立即组织人进行了返工，同时在晚上召开了分析会，令该带班职工停工三天反省。最终，无论是施工时的技术参数，还是整修后的线路静态、动态值都达到了高标准，他为车间创造了多项优质工程。

抓好安全生产的同时，他也十分关心职工的后勤生活。通过观察和谈心等方法，他掌握了每个职工的家庭情况及存在的困难，并将这些情况一一记在自己的手册中。职工肖某在家休息时，不慎扭伤，他第二天就赶到了医院探望；职工李某因长期在外上班，和家人团聚少，和妻子吵架，他亲自赶到其家中和他家人促膝长谈；从外地调来的职工抱怨休假四天时间全部浪费在路上，他请示车间为他们安排了半月一休等。这些都表明了他无时无刻不在为职工谋福利，职工们在被他关心的同时也自然凝聚到了他的周围，团结一心，东征西战，发挥了巨大的战斗力。

图6-5 路基检修，确保安全

张工长对待职工非常热情大方，对待自己却非常严格，由于武九线提速扩能，京广线提速改造等各项施工都非常紧张，车间也是到处征战。十月份时，由于严重风湿，张工长脚疼得不能走路，被车间刘主任强行推回家休息。仅仅过了三天，他自己又跑了回来，尽管走路还是一瘸一拐的，但他仍然走在最前面，从武九到京广，从汉口到咸宁。从四月到十二月份，他一天都没有休息，带领工班全体职工奋战了一个又一个日夜。张工长绝对是一个恪于职守的人，是车间安全生产的标兵。

151

第二节　工作价值观组织层面培训

一、始终把"人民铁路为人民"的宗旨贯穿于高铁各项工作的始终

新的形势下，继续发扬"人民铁路为人民"宗旨，是搞好高铁工作价值观建设的前提条件。

第一，必须充分认识"人民铁路为人民"是高铁一切职业活动的出发点和归宿。如车务部门在严格贯彻这个宗旨的过程中，就必须做到自觉履行服务岗位责任制，自觉执行客货运标准化作业程序，视旅客、货主为上帝，提高服务质量，自觉遵守纪律，减少行车事故的发生，时刻为高铁发展想办法、出主意。

第二，面对新的形势，面对一些人认为"人民铁路为人民"过时的迷惘和一些错误观念，必须坚持"人民铁路为人民"，将其作为高铁在建立现代企业制度条件下调整各种利益关系的根本准则。那些以不正当手段谋取利益的做法，不服从统一指挥，不惜损害整体利益去追求"利益"的做法，必然给国家和铁路造成损失。要消除这些现象，除必要的行政、法律手段外，加强高铁职工的工作价值观教育也是重要途径。

第三，市场经济的发展对铁路贯彻"人民铁路为人民"的宗旨提出了新的要求。当前，我国交通运输各行业发展非常迅速，铁路的"老大"地位已经受到严重威胁。铁路要占领一定的运输市场，就要跳出传统的经营模式，大胆创新，积极探索适应市场经济发展的运输组织结构，为旅客提供舒适安全、方便快捷的高质量服务，不断提高高铁的竞争能力，吸引旅客。因此，必须教育职工始终牢记"人民铁路为人民"的宗旨，主动服务，这样才能掌握交通运输业的主动权，提高铁路的经济效益。

二、组织开展好提升工作价值观的各项实践活动

工作价值观建设的目的，在于帮助高铁职工明确铁路职业道

德的基本原则和规范，并把它落实到每一个高铁职工的职业行为上，塑造高铁职工和铁路企业的良好形象。有了这个良好的形象，就能产生一种无形的能量，激发出高铁组织内职工的主人翁意识和劳动干劲。因此，必须通过"高铁职工形象设计"这一新颖的职业道德实践活动，铁路企业价值观的建设提升一个新的高度。在高铁职工入职前，开展以"职工服从意识和执行力"为主题的培训，提升高铁职工的服从意识和大局意识，以便在职工的实际工作中提升其执行力。而高铁职工作为高铁的主人，其价值观建设的水平直接关系到高铁的兴衰和成败。高铁组织加强价值观建设的目的就是要努力塑造组织和职工的良好形象。企业工作价值观是企业形象的一个重要组成部分。从某种意义上来说，企业在市场上的竞争不仅是企业的人才、技术和管理水平的竞争，同时也是企业价值观的竞争，特别是随着市场经济体制的逐步完善，这点将愈加明显地显示出来。

三、坚持"文化强铁"，以培育铁路企业文化为目标，不断提升工作价值观

在高铁企业进入市场的过程中，它的生存和发展需要凭借自己的竞争能力。而支持一个企业竞争能力的，既有物质的支柱，又有精神的支柱，其中企业文化就是一个企业发展和生存的精神支柱。高铁职工工作价值观就是高铁企业文化的鲜明反映。加强高铁企业的工作价值观建设的目的就是要为自己的企业培育出一种文化，以不断增强企业的凝聚力。有凝聚力的企业就是充满希望和发展前途的企业。根据高铁的特点，具体到实际要求和条件，精心培育企业文化和加强职业道德建设，且不可搞形式主义。各路局可以把对高铁职工工作价值观的内容要求以文字形势借助宣传栏、网络媒体等载体，营造浓厚的宣传氛围并进行积极主动宣传。

高铁企业工作价值观有所有行业共同的特点，也有其自身特殊之处。在高铁企业全面走向市场，不断深化铁路改革，促进发展的过程

中，在高铁企业逐步建立现代企业制度，扭亏增盈的攻坚战中，大力加强以"人民铁路为人民"为主要内容的工作价值观建设，是当前开展学习实践科学发展观活动，加强政治文明和精神文明建设的一件大事，也是高铁企业在新的历史时期走向辉煌的根本保证和有力举措。

四、把"人民群众满意"作为检验高铁工作的根本标准

服从贯彻"人民铁路为人民"这个根本宗旨，就要求高铁职工把"人民群众满意"作为检验高铁工作的根本标准。推动高铁改革发展，最终目的是为经济社会发展和广大人民群众提供更好的服务；检验高铁发展是不是取得了实际成效，最终还要看人民群众满意不满意。人民群众是高铁的服务对象，来自于人民群众的评价也是最客观、最公正的，只有把"人民群众满意"这一根本标尺立起来，才能真正落实"人民铁路为人民"的宗旨，切实体现服务优质的要求。

作为高铁人，在实际工作中坚持把"人民群众满意"作为检验高铁工作的根本标准，一是要在布置和推进工作时，自觉地从人民群众是否满意的角度去考量，使工作始终与人民群众的意愿相一致；二是要构建起体现人民群众体验效果的评价体系，通过多种方式，及时掌握人民群众对服务工作的意见和建议，从旅客的体验效果中看到差距，找准工作的突破点；三是要着力解决人民群众不满意的问题，在看到改进服务所取得的进步与成绩基础上，清醒地认识到我国高铁在服务环境、服务态度、服务质量等方面存在的差距，着力解决好广大旅客货主最关切、最期盼、最不满意的突出问题，满足人民群众对高铁服务工作的新期待；四是要增强服务工作无止境的意识，积极适应社会的发展进步，深入研究人民群众的需求，针对服务需求的新变化，更好地满足人民群众多层次、高标准的服务需求。

五、积极培育和提倡践行新时期铁路精神

铁路精神是铁路人在长期实践中积淀形成的职业态度、思想境界和价值取向，它深刻地体现了铁路企业的特征，是铁路文

化的基石，是推动高铁职工工作价值观提升的关键性举措。

培育和提倡践行新时期铁路精神，是深入开展社会主义核心价值观教育的时代要求；同时培育和提倡践行新时期铁路精神，是推进铁路改革发展的迫切需要；培育和提倡践行新时期铁路精神，是传承和发扬铁路光荣传统的重要途径，是推进企业价值观念建设的有效手段和推动力。

所以作为高铁人，培育和提倡践行新时期铁路精神，是对铁路光荣传统和精神文化的守护与传承；作为铁路人，培育和提倡践行新时期铁路精神，能够进一步丰富铁路精神文化的内涵，使其在新的实践中得到新的发展，体现出时代的要求，深刻地推动铁路集体工作价值观的提升。例如，路局可以定期开展与职工面对面的宣讲活动，广泛宣传职工工作价值观的重要性，包括基本内容、基本要求等，引导职工统一思想，增强意识，增强践行工作价值观的积极性和自觉性。

六、建立健全完善的奖励政策

公开透明的奖励机制，能够有效地推进铁路集体工作价值观的提升。通过公开透明的奖励，使高铁职工学习有目标、有榜样、有方向，同时通过奖励先进者（如爱岗敬业先进者、奉献精神先进者等），营造"人人争先"的工作状态及良好的内部竞争态势，引导集体工作价值观朝着良性的方向发展，从而有效地推动组织工作价值观的提升。建立起一套行之有效的激励体系，赏罚分明，守法有度，让遵纪守法、安全生产的职工得到奖赏，感到光荣，受到尊敬；让违法乱纪、破坏安全生产的行为得到惩罚，遭到抵制，受到谴责，特别是对于个别事故造成者要重罚重办，甚至绳之以法。只有这样，才能把"以遵纪守法为荣，以违法乱纪为耻"的道德要求渗透到日常学习和工作之中，贯穿到运输生产的全过程，发挥催化效应，使之内化于心、物化于制、外化于行，彻底避免"管理脱链""制度空转""落实虚位"现象的发生，使安全生产处于一种可控状态，使企业的执行力有一个质的提高。

七、开展集体学习、团建活动，推进集体工作价值观的提升

定期组织实施企业文化和职工工作价值观培训、安全培训、法律培训，教导职工认真学习业务知识、法律法规、职业道德和铁路规章制度等，对照具体岗位要求，认真梳理和排查操作执行中的风险隐患和薄弱环节，查找实际工作中存在的问题和不足，并实施整改，推进员工建立向先进模范学习的发展理念；定期组织"爱岗敬业"专题培训会，开展"职工忠诚与敬业精神状况调查"，及时分析集体与个人在生活和工作中存在的问题并有针对性地提出解决措施。通过有效发现问题、及时推广先进模范、针对性解决消极负面问题、定期组织活动等，从而提高职工的工作主动性和积极性，增强职工忠诚度，培养职工敬业精神。

第七章 高铁主要行车工种岗位人员安全意识培训

第一节 安全意识个体层面培训

一、树立安全第一、预防为主的观念

对安全工作的根本态度和思想状况,是影响高铁行车安全的关键因素。安全第一、预防为主的指导思想,规定了安全工作在高铁职工心目中的位置,决定了其安全工作的根本态度和安全意识的重要程度。

所谓"安全第一",就是高铁企业和高铁主要行车工种岗位人员要把安全工作摆在各项工作的首位,作为高铁值乘的首要目标和首要任务。高铁的一切工作都要服从安全工作,"安全第一"明确了安全工作在值乘中的地位和作用,确定了正确处理安全工作与其他工作关系的根本原则。所谓"预防为主",就是高铁主要行车工种岗位人员要掌握安全工作的主动权,防患于未然,超前预想,及时发现和科学处理值乘中危害安全的潜在问题,以防止和避免事故的发生。"预防为主"明确了安全工作的基本方法,它强调安全工作最重要的是对可能存在的安全问题进行前瞻性的预测分析,事先采取周密有效的防范措施。"安全第一、预防为主"是高铁安全生产的指导思想,是铁路工作的永恒主题,是对长期铁路运输生产实践的经验教训的高度概括。"安全第一"与"预防为主"是不可分割的,"安全第一"是"预防为主"要达到的目标,"预防为主"是实现"安全第一"的主要手段和基本途径。

【案例】

在铁路上,有这样一个岗位——防溜制动员(如图 7-1 所示)。

他们的工作就是防止从驼峰溜下来的车辆进入股道后，冲出警冲标挤坏道岔。虽说这项工作劳动强度并不是很大，但却肩负着重大的安全责任。

图7-1 防溜制动员日常工作

李光雄是襄阳北站的一名普通防溜制动员。在平凡的岗位上工作了十几年的他，无一件违章违纪事件发生。谈起防溜安全工作，他说："只要做到手勤、腿勤、眼勤、脑勤，再加上一颗很强的责任心就行。"他是这么说的，也是这样做的。

每次一接班，他首先要做的就是检查他所负责的14条股道内的存车和车辆防溜情况。车辆距警冲标有多少米，是否达到安全距离；停留车是否都连挂妥当，使用铁鞋防溜时铁鞋面是否紧贴车轮踏面，每只铁鞋使用的位置是否与记录本记录的相符等等。在检查中他总是仔细地看了又看，对一些不符合规定的防溜措施，他都立即纠正，决不心存侥幸。一些空股道或存车较少的股道是比较容易发生危险的。在这种情况下，李光雄采取的是紧盯死守的策略，待防溜措施切实有效后，才肯罢休，不敢有丝毫懈怠。

李光雄熟悉业务，练就了过硬的本领。比如观速，一组溜放车从他面前经过，他能精确地告诉你车辆此时的溜放速度，并根据这一速度，采取相应的防溜措施；再比如观测距离，在股道内，他能准确地目测出存车距警冲标的距离是否在安全范围内。此外，他还对车站编组场内42条股道的坡度和各种车辆制动性能了如指掌。哪条股道在哪段有坡度，坡度是多少，以及哪些车辆手制动效果好，哪些车辆不易使用铁鞋制动等，他都能清楚地告诉你。李光雄遵章守纪，作业中做到"四勤"，成为铁路运输轨道坚固的"安全屏障"。

二、认真学习知识，增强安全意识

学而知之，丰富的知识有助于增强安全意识，而缺乏安全意识的人，大多是知识贫乏的人，固有"傻大胆"之说。这就要求高铁主要行车工种岗位人员不但要学习法律法规和铁路规章制度，而且要钻研业务知识，提升业务技能，进而增强安全意识。

学习安全生产法、安全生产条例，可以使高铁主要行车工种岗位人员增强法纪观念，在工作中自觉按法律法规办事。高铁法律法规和规章制度明确了高铁主要行车工种岗位人员在工作中应该做什么，不应该做什么，应该怎样做，不该怎样做，是对高铁运输生产客观规律的总结，是运输部门多年来生产实践经验和教训的总结，是高铁主要行车工种岗位人员为保证安全必须遵守的行为准则，是经过实践证明确保安全生产的有效措施，具有严肃的法规约束力。高铁主要行车工种岗位人员通过认真学习、钻研这些规章制度，才能始终按照规章制度和标准进行作业，增强安全意识，消除事故隐患，确保安全万无一失，为推进和谐铁路建设创造安全稳定的良好环境。高铁主要行车工种岗位人员必须钻研业务，提升自己的业务素质，熟练操作各种设备，提高应急处理能力，练成"一口清、一手精、问不倒、难不住"的业务技能，进而增强安全意识。

第一，要认真学习国家和铁道主管部门颁布的有关铁路安全的法律法规，以贯彻落实《铁路安全保护条例》为重点，学习《安全生产法》《铁路法》《铁路运输安全保护条例》《铁路交通事故应急救援和调查处理条例》，以及其他与铁路安全相关的法律法规。

第二，要认真学习铁道主管部门、各铁路局及各单位制定的安全管理规章制度，熟悉、领会、掌握规章制度，具有必备的安全知识，能熟练运用法规规章方面的"应知应会"。随着高速铁路建设的推进，铁路的管理体制和运输生产力布局发生了深刻的变化，适应新体制、新布局要求的安全管理体系、运行机制基本形成，铁路的线路技术管理、各专业的规章制度都进行了修订与完善，新的安全管理制度与办法都体现在新的规章之中。高铁职工应把握新旧技术规章的变化，熟悉各工种的作业标准、作业流程，对必知必会的内容培训过关，遵循新的操作规范，提高技能，强化应急处理能力，在工作中自觉遵守这些规章制度，保证高铁安全运行。动车组司机相互学习如图 7-2 所示。

图 7-2 动车组司机相互学习

第三，要加强对一系列新的技术标准、新的技术装备和业务知识的学习。近几年来，我国铁路以客运快速、货运重载和新技术装备运用为重点，以掌握核心技术为目标，通过大力推进原始创新、集成创新和引进消化吸收再创新，使铁路现代化水平得到大幅度提升。在新的形势下，更高时速的提速要求，对设备、作业、环境、人员等方面的要求有了质的提升；高时速、行车密度进一步加大，给运输组织、职工作业、设备养护等带来不少难以解决的问题，也对高铁主要行车工种岗位人员继续保持"安全第一"的标准提出了更高要求。因此，高铁主要行车工种岗位人员必须适应铁路快速发展的需要，认真学习和掌握新技术，熟练操作新设备，通过提升安全意识确保铁路运输安全的持续稳定。

三、积极实践，养成习惯

作为高铁职工，仅仅学习铁路法律法规和规章制度及新规章、新技术标准是不够的，还必须将外在的规定变为自己的内在需求，将他律转变为自律，在岗位上严格遵守规章制度，自觉按标准作业，使标准化作业成为一种职业行为习惯。

据统计，某年某全路发生危险性及以上事故 49 起，有 26 起是职工安全意识不足，违章作业造成的。这一数据再一次警醒高铁职工，不仅要掌握好规章纪律，还要在实践中严格执行。从铁路运输生产的实践来看，发生事故的原因，大多数是职工"两违"即违章违纪造成的。一般而言，没有哪个事故的责任者希望出事故。他们往往也清楚有关规章和作业标准，但事故却发生了，而且事故正是违章违纪造成的。可见，违章违纪不是因为不了解规章而产生的，而是明知故犯，知章不循，有纪不守，有规不依，明显缺乏安全意识。从根本上究其原因，是责任人对遵守规章制度和安全生产之间的必然联系认识不清楚，未真正把规章纪律与自身利益统一起来看待，没有把对规章制度的认知转化为自身的内在需要，没有将规章制度的约束由他律变成自律，而是在实际行为中，把规章纪律与职业行为割离开来，把遵守规章仅作为一种形式主义的东西"表演"给管理干部看，并没有真正意识到安全的重要性。

作业标准是铁路安全的重要保证，遵章守纪、按标作业，是对高铁行车工种的基本要求。高铁主要行车工种岗位人员应学标、对标、达标，让标准成为作业习惯，让习惯符合作业标准。树立"遵守规章光荣、违章违纪可耻"的良好风尚，做到说标准语，干标准活，交标准岗，不简化作业，不错不漏作业，不离岗串岗，不盲目蛮干，确保运输安全持续稳定。

【案例】

呼和浩特铁路局福生庄养路工区工人几十年如一日，坚持执行规章制度、标准化作业不走样，创造了 59 年安全无事故的奇迹。在一个九曲十八弯、线路基础磨损严重、重载运输密度大、防灾抗灾能力弱的养路难区，福生庄一代又一代的养路工人把"理由再大不如安全责任大，人情再大没有规章制度大"作为信念，将标准化作业、执行规章制度不走样作为铁律，把"每件工作质量精确到毫米、差一毫米也不行"作为工作标准。在他们身上，遵章守纪、标准化作业成为一种职工的思维方式、情感方式、行为方式、职业习惯，保证安全成为他们的生命价值展现。正因如此，他们创造了全国铁路干线养路工区生产安全第一的纪录，从而成为铁路工人学习的楷模。

四、一丝不苟，认真履行职责

人们经常把"安全高于一切"和"责任重于泰山"并列而言，意味着安全意识与职工的职业责任感息息相关。高铁作为一个大联动机，其规章制度规定了每个工种、每个岗位的作业标准、作业流程、劳动纪律。每个部门、每个工种、每个岗位的标准化作业都是铁路运输安全链的一个环节，所谓"安全重担大家挑，人人头上有指标"，只有每个职工都认真履行职责、忠于职守，高度重视安全，从自身出发，在实际工作中增强安全意识，才能相互影响、相互促进安全意识的提升，才能使得高铁整个大联动机都充满浓厚的安全氛围，才能实现安全稳定有序运行的目标。因此，为了保证高铁运输的安全，高铁职工都应树立"安全在我心里，安全在我手中"的意识，具备强烈的职业责任心，在工作中一丝不苟，认真履行职责，自觉为运输安全尽责尽职。

养成一丝不苟的严谨工作作风，这就是说，高铁主要行车工种岗位人员要做到"在岗一分钟，尽责 60 秒"，"坚持岗位一刻不离，按章操作一项不漏，标准用语一字不差，列车运行一丝不苟"，严守规章，一点不差，差一点都不行。在长期的工作实践中，在一丝不苟的工作作风方面，各部门、各工种都形成了具有自身工作特色的精神风貌。如车务部门的"多想一点，多问一句，多看一眼，多跑一步"，车辆部门的"一车一辆不放过，一丝一毫不凑合，一分一秒不大意，一点一滴讲认真"，走到、敲到、听准、看准。工务部门的施工质量精确到毫米的"毫米标准"，电务部门的"精检细修"，机务部门的"精心操作"等，这些都是一丝不苟的工作作风的具体表现。养成良好的工作作风是提升安全意识的最主要方式之一。

【案例】

"五一劳动奖章"获得者贺春祥，是长沙北站的货运计划员。她凭着精湛的业务技术和细致的工作作风及高度的安全意识，12年来经手的150万批零担货物、23 028车整车货物，无一差错。她的诀窍就是自己总结的"四核对工作法"：核对到站、核对品名、核对运输要求、核对运单编写，做到"四核对"不放过。正如她所说："货运计划工作无捷径，一靠业务熟，二靠人细致，三靠意识强。"只有在工作中养成良好的工作作风，持续培养、提升安全意识，才能确保安全行为。"严谨细致，一丝不苟"的工作作风是运输安全的保证，这是对每个单位、每个部门生产规律的总结。

五、关注路外安全，主动参与平安铁路建设

从我国目前的实际情况来看，许多的事故来自铁路系统之外，如环境破坏对铁路安全的影响，不法分子和顽童对路轨设施的破坏，行人牲畜上道，盲流扒乘车等问题未得到根治。对这些问题，铁路采取了专项整治、综合治理、护路联防、创建示范路段等措施。每个高铁职工都应以主人翁的态度，主动对路外群众进行铁路法律法规、安全知识的宣传，投身到"关爱生命，建设平安铁路"行动中去，以主动对广大人民群众和社会的安全积极负责为动力，强化自身已有的安全意识。

六、保持持之以恒、一以贯之的习惯

安全是铁路企业的永恒主题，提升安全意识是高铁职工自己发展的需要，是强化高铁安全生产基础工作的长效机制。俗话说：形成一种意识，播下一种行动，收获一种习惯；播下一种习惯，收获一种命运。安全生产注定是一项长期、复杂、艰巨的任务。从某种意义上讲，安全工作就像治病，治的是安全生产过程中存在安全隐患的"病"。治病就要除根，就必须打持久战，把提升安全意识和保持安全工作作为一项长效性的工作来抓，让安全生产成为每一位铁路人的工作习惯，把安全生产当作每天工作的重要内容。扎扎实实地做好每一天、每一周、每一月的

工作，才能真正把安全意识落实到实际工作中，才能从根本上消除各种隐患，才能真正做到防患于未然。

【案例】

有人这样形容时速 350 千米动车组列车的速度之快：眼睛一眨，列车就像子弹一样飞出 80 多米。对于南昌铁路局调度所调度员胡景春来说，他每次上班，几十趟动车组列车的安全就掌握在他手上，分分秒秒都关系着列车的安全（如图 7-3 所示）。

图 7-3　胡景春工作状态

胡景春 18 岁从南京铁路运输学校毕业后，被分配到南昌局工作，先后担任过信号员、助理、值班员等职务。2002 年，他以优异成绩考进南昌局调度所，成为一名调度员。人们常说，一个合格的调度员，要有一个"最强大脑"和一颗最冷静的心。因为调度员要熟记上万条规章制度，要通晓车、机、工、电、辆各系统的工作流程，要背诵运行图上近 2000 个时间节点。同时，面对各类突发情况，调度员要有准确判断和快速反应的能力。高楼大厦不是一天建成的，要想成为这样的调度员，必须经历千锤百炼。对胡景春来说，他最难忘的是 2005 年原浙赣线电气化改造的那段经历。当时胡景春所在的新余至株洲调度台管辖 300 千米的线路，一天当中连续七八个小时的大型施工不下20 个。这意味着从 7 时 30 分迎着霞光走进调度楼到晚上披着星光离开，他没有片刻停歇。他要把厚达 20 页密密麻麻的调度计划在 15

分钟内消化，坐上调度台，3 部铁路电话、1 部调度电话和 1 台列车无线通信电话此起彼伏地响着，有时甚至 5 部电话同时响起。一个班下来，胡景春再也不想和任何人说话。有时早饭来不及吃，他就打包带到办公室，到下班时才发现早饭、午饭饭盒还并排摆在那儿，没开盖子。这样的高强度工作整整持续了两年。正是经历了这样的磨炼，胡景春的业务能力和心理素质得到了极大的提升。

2009 年，东南沿海第一条客运专线温福铁路开通运营。胡景春经过严格的业务考试，以优异成绩被选拔到温福铁路调度台，成为全局第一批高铁调度员。有人问胡景春，调度工作这么枯燥乏味，劳动强度和安全压力又这么大，你是怎么坚持下来的？南昌局调度所主任熊祜春和党总支书记倪宏虎替胡景春做了回答：靠的是高度的责任感。

这种责任意识就是安全意识。调度员有个必须具备的职业习惯——熬夜。调度员的熬夜不是"干熬"，而是要目不转睛地盯着密密麻麻的运行图，随时准备传递一条条调度命令。因为每条命令都关系到千千万万旅客的平安出行，关系到千千万万家庭的幸福团圆。胡景春坚持下来，而且从未出过错。为了全身心地投入工作，胡景春把还未满周岁的女儿送回了老家。虽然没能见证她的成长有些遗憾，但胡景春一直把妻子和女儿的照片放在离胸口最近的衣兜里，她们是胡景春最温暖的港湾，是他努力工作的精神支柱。

第二节　安全意识组织层面培训

一、构建监控体系

回顾发生的各种重大事故，不少是因为预防不力，缺乏必要的监测监控。预防就是采取有效的管理、技术、教育手段，尽可能地减少或防止人的不安全行为，及时调整行车设备、工作环境的不安全状态，实现人员素质、设备质量、作业环境的本质安全。坚持预防为主，应始终坚持"规范管理，强基达标"，规范安全管理，加强安全基础设施建设，加强安全风险的超前研判与防范，更加注重对安全管理工作的督导检查，更加注重对管理问题的分析和纠偏，深层次剖析管理根源，查找管理漏洞，健全完善安全风险管控措施，提高组织对安全生产的自控能力。

借助现代信息技术对作业现场实施全方位监控，紧盯工作情况，做到有始有终、衔接紧密、过程清晰，切实加强安全监控，准确高效地搜集安全危机信息，进一步完善和规范危机事故报告制度。对已经发生的事故进行积累分析，确保信息数据和风险量化值的一致性、准确性、及时性、可用性和完整性。逐级建立安全管理问题库，及时采取加强安全预警、对话督办、检查帮促、领导约谈等方式，督促问题整改，确保各层级能够及时全面掌握生产过程中本单位、本部门的风险控制点，并按照"逐级负责、专业负责、分工负责、岗位负责"的要求，把责任和措施落实到各层级、各专业、各工种、各岗位，实现对现场作业的有效控制，进而强化安全意识。监控体系如图7-4所示。

图7-4　监控体系

◐ 【案例】

《呼和浩特铁路局深化安全风险管理实施办法》和《呼和浩特铁路局关于加强安全风险研判和控制的指导意见》是当前路局安全风险管理的两个主体文件。文件从安全管理基础工作、安全生产过程控制和应急处置、安全管理责任落实、安全文化建设五个方面着手，细化确定了30项重点内容。

在安全管理基础工作方面，确定了持续完善基础管理制度、强化技术规章管理、清晰划分安全管理职能、明确界定安全管理职责、严格重点岗位人员准入管理、强化岗前和岗位培训管理等 12 项内容。在安全生产过程控制方面，确定了强化安全工作管理、明确管理岗位工作标准和流程、落实作业标准和程序、强化重大风险专项整治、强化安全分析预警、强化安全检查监督 6 项内容。在应急处置方面，确定了分系统、分层次、分岗位建立健全应急处置制度，建立健全应急网络和设施，健全完善应急演练制度和管理办法，健全动态研判机制 4 项内容。在安全管理责任落实方面，确定了严格履行安全管理职责、健全完善评价考核机制、严格管理责任追究 3 项内容。在安全文化建设方面，确定了深化安全理念教育、加强安全环境创建、开展安全文化创建、强化安全典型、引领营造安全氛围 5 项内容。文件按照"顶层设计、分层识别、动态控制"的原则，根据列车脱轨、冲突、火灾、爆炸、机车车辆溜逸、放飏、人身、分离等 8 类风险后果，从管理岗位、作业岗位和作业过程入手对风险点进行全面排查、反复研判，共确定 41 项、273 个常态控制安全风险点，划定了业务系统 80 条铁路局常态控制红线安全风险点，并确定责任部门和单位分层进行管控。图 7-5 为包头供电段安全知识竞赛现场。

图 7-5　包头供电段安全知识竞赛现场

二、杜绝危害思想，正面激励示范

在铁路职业工作中，组织部门必须注意纠正以下几种危害安全的思想，要坚决杜绝并清除此类危害思想，同时对于组织中积极正面的典例进行激励强化。

一是麻痹思想。在总体上较长时间内本单位、个体安全状态良好的情况下，易忽视安全隐患的查找和安全意识的强化，然而，"安全来自高度警惕，事故缘于瞬间麻痹"。二是怕麻烦，图省事的思想。把本应履行的程序减掉了，把正常的程序颠倒了，可结果往往是怕麻烦导致真麻烦，图省事却酿成大祸。三是侥幸心理。有的职工认为"出事故就像中大奖，机会不会到自己头上"，盲目轻信不会出事故，有的人认为"以前这么干都没出事，现在这么干也不会出事"，凭经验认为不会出事故，但经验和侥幸毕竟有极大的局限性。四是功利心理。"上下一条心，隐瞒事故分奖金"，不能正确处理好安全与效益的关系，最终可能损失根本利益和长远利益。五是形式主义和麻木态度严重。抓安全工作时紧时松，安全管理松懈，"严不起来，落不下去"，对违章违纪视而不见，形成惯性，由此造成安全隐患。此外，还存在对规章纪律的反感、抵触情绪。这就要求高铁组织严查危害思想，坚决杜绝该类思想在高铁单位的泛滥盛行。图7-6为某铁路局的安全公告栏。

图7-6　某路局的安全公告栏

有罚必有奖。高铁单位既要利用负强化减弱危害安全的风气和行为，又要利用正强化激励持有高度安全意识和安全行为的职工。例如，呼和浩特铁路局为提升全体职工的安全意识制定了《呼和浩特铁路局发现和防止安全重大隐患奖励办法》，该文件规定本路局对发现和防止规定范围内安全重大隐患的人员，每次给予一次性奖励10 000元。

三、建设安全文化

文化的力量对意识的作用是巨大的。长期以来，大量事故教训表明，为使安全生产步入良性循环的轨道，最终实现安全生产可控、在控，长治久安，不仅要靠安全管理，而且要把安全管理提升到文化的层次，充分发挥安全文化的力量，强化高铁安全文化建设。高铁安全文化是企业文化的重要组成部分，是在长期的铁路运输安全生产实践中逐步形成的，为广大高铁职工普遍认同、遵循和接受的安全思想、安全奋斗目标、安全管理机制、安全生产环境和安全实践活动、安全行为规范及安全的价值观、审美观及安全心理素质等种种安全物质因素和精神因素的总和。高铁安全文化作为一个新的安全管理理念，正逐步为广大高铁职工所认可、接受、执行，为高铁主要行车工种岗位人员安全意识的提升和高铁安全生产提供强大的精神动力和智力支持。

安全文化建设始于流程，真正有效的高铁安全文化不是虚无缥缈的东西，不是空洞的说教，而应从实实在在的操作流程开始。换句话说，安全文化建设的切入点就是作业流程。作业流程中的每一个环节都有规范要求，这就是作业标准。没有作业标准，就会随意而为，没有规章制度约束，安全就失去了保障。所以安全文化最核心、最基础的就是作业流程和作业标准。高铁之所以能正常运转，是因为有各种各样的作业流程做基础保证。从理论上讲，有了这些流程及其相应标准，安全文化的特征就有了基础，高铁主要行车工种岗位人员在操作过程中就有了行为约束和操作标准，使得其不得不对安全有所重视，安全也就有了保证。但实际问题不是高铁没有作业流程，而是组织层面对流程的重要性不够重视，以及个别职工不按流程去做，违章操作，从意识上就对安全不重视。一些重大事故的发生，说到底，就是作业流程出了问题。所以，在高铁行车工作的日常生活中，组织层面一定要以身作则，高度重视作业流程，并且要多次强调流程的重要性，还要细化岗位作业标准、工作流程，完善安全规章和安全风险防范制度，形成规范和固化职工的良好作业习惯，从而潜移默化地提升高铁主要行车工种岗位人员的安全意识。

事故的发生离不开四大要素：人的不安全行为，设备的不良运转，环境的不良状态，管理有缺陷。只要其中一个要素存在，事故就不可避免。可见，安全包含的内容十分繁杂，覆盖面也很广，有很大的空间范围。因此，要建设一个科学的、成熟的企业安全文化，就应扩展空间，把生产安全与生活安全结合起来，把岗位安全与家庭安全结合起来，把身体安全与心理安全结合起来，把机具安全与环境安全结合起来，增强安全文化的辐射力。在造成事故的要素中，人的不安全行为是最直接、最主要的，又由于人的不安全行为起源于人的心理，与人的心理活动密切相关；同时，随着高铁运行速度的不断提升，新技术、新装备得以广泛运用，人对机器设备的依赖度越来越高。现场作业中侥幸心理、设备故障频发和施工安全管理不到位的现象仍然屡见不鲜，这些都是高铁安全运行的重大隐患。

因此，高铁的组织层面在日常实际工作中要高度重视高铁主要行车工种岗位人员的心理疏导和安全意识提升。对于一线职工而言，自我安全保护意识缺乏，安全生产技能跟不上形势要求，在实际工作中，就要求相关组织人员注意经常拉拉袖子提个醒，提醒他们注意安全，做到班前有交代，工作时有要求，下班后有小结。实践表明，职工的心理变化与自身岗位发生事故有着一定的联系，尤其是一个人在受到挫折、烦闷、痛苦时，安全意识往往被淡化和忽视。各级领导、安管干部和班组长要落实好谈心制度，注重把握职工的思想脉搏，通过面对面谈心、交心，解疙瘩、化矛盾、稳情绪。尤其在职工个人生病、受挫、失望和家庭发生重大变故时，谈心工作一定要及时跟上，确保职工不带情绪上岗，时时刻刻绷紧安全这根弦。

四、开展演练活动

对于重点预防的事故和危险源（点），要让它们从墙上走下来，根据事故发生的特点和规律，适时适地定期举行安全事故处置演练，整合现有的各类紧急救援预案，让高铁主要行车工种岗位人员熟悉方案的内容，结合自身实际情况，掌握应对突发事故的处置程序，熟练使用各类处置事故的设备、工具，防患于未然。事后还应要求高铁主要行车工种岗位人员分析事故发生的原因和过程，总结防范措施，从中汲取经验教训，用科学的方法防范同类事故在自己岗位上发生，开启高铁主要行车工种岗位人员安全意识中的预见性和反思性，使安全意识的深度、广度得到发展，从而达到强化、巩固安全意识的目的。

【案例】

200 多名干部职工参加太原铁路局应急演练（如图 7–7 所示）。"太中线 K7831 次旅客列车运行至太原南站至北六堡站间，列车与侵入线路的障碍物相撞。造成机车车辆脱轨，线路损坏，列车请求救援，随后一系列的救援工作稳步展开。"这是太原铁路局日前开展的一次应急演练。

图 7–7　太原铁路局应急演练

在此次演练中，太原铁路局在现场成立应急指挥部，设立预警组、抢险组、保卫组、通信组、医疗组、后勤保障组、物资供应组等进行现场救援。经过 1 小时 30 分的紧张奋战，演练结束，抢险人员以最短的时间抢通线路恢复通车。

太原铁路局相关负责人介绍，"本次应急演练，来自太原机务、供电、电务、通信、车辆、公安等系统的 200 多名干部职工参与演练。5 月份以来，太原铁路局共组织各种应急演练 520 余次，通过演练将提升太原铁路局在面临应急突发事件时的快速反应和行动能力，为旅客安全、方便出行提供更加坚强的保证。"

【案例】

2017 年 11 月 7 日，为迎接全国消防日，确保铁路运输安全，切实增强高铁职工消防安全意识和灭火技能，济南铁路局兖州车务段开展消防检查、消防知识培训和现场灭火演练（如图7-8所示）。

图7-8 济南铁路局安全演练

此次演练，提高了职工的火灾防控能力、对突发事件的应变能力、对旅客的疏散和自救能力，学会了正确使用灭火器和各类消防器材、设备、设施；增强了职工的消防安全意识，应急处置能力也得到有效提升，为给旅客营造安全舒适的乘车环境打下了扎实的基础。

五、组织教育培训

认真做好安全生产宣传教育，营造安全生产浓厚氛围，是增强安全意识的基础和前提。既要定期进行安全生产教育，严格落实好"三级安全教育"制度，又要根据不同人员、不同时段和不同工作任务性质和特点，随时随地有针对性地进行安全教育；既要突出常见事故预防知识的引导，又要抓好突发性事故的教育，尤其要抓好警示教育，不断强化高铁主要行车工种岗位人员的安全生产意识。图7-9和图7-10分别为新乡东站培训和武汉铁路局安全讲座。

对一线职工准备阶段的教育培训，要坚持"业务处室日追踪分析、各系统月度专业分析、路局季度典型案例剖析"制度，对安全信息和故障做到件件分析，找准安全危机事故发生的根源。

要严格落实安全生产的各项培训制度，坚决做到不培训不上岗。既要抓好新上岗职工的岗前培训工作，又要落实好特殊岗位人员的定期培训制度，还要抓好新工艺、新技术、新材料、新设备、新产品岗位人员的培训，及时做好待岗复工、转岗人员的培训工作，提高其安全生产意识和技能，坚决杜绝出现漏洞和空白区。

图 7-9　新乡东站培训

图 7-10　武汉铁路局安全讲座

　　在实际工作中，高铁组织相关部门可以通过以下方式来提升高铁主要行车工种岗位人员的安全意识：采用培训与座谈相结合的方式，提高职工的安全意识，帮助他们形成严谨细致的工作习惯；采取短期和长期相结合的形式，开展课程培训，重点探讨责任对于个人和企业的重要性；组织专题讲座和心理辅导课程培训，帮助职工增强安全意识，提高高危环境下作业的谨慎性及结合心理学、管理学和安全行为学的理论开展课程培训，帮助职工调整心态，提高时间管理能力和忍耐力。

六、检查要细，整改要实，追责要严

走马观花、粗枝大叶式的安全生产大检查只是走过场，既达不到目的又对增强高铁主要行车工种岗位人员的安全意识毫无作用。检查要细，既指数量方面做到全面覆盖、不留死角，又指质量方面实行精细管理，以细节取胜。无论是岗位自查还是上级检查，都要注重细节、慎之又慎，要认真对照标准要求，查找隐患、堵住漏洞。

针对安全问题反复发生的实际情况，组织必须做到整改要实。对检查发现的问题，组织部门要及时制定整改措施，措施要有较强的可操作性；要加强对问题的分析，找准深层次原因，科学制定防范措施，实实在在进行整改，要重赏重罚，严格法规法纪，以此警示高铁职工增强安全意识。只有规章制度和组织对安全意识的导向正确、严格、明了，高铁主要行车工种岗位人员才可能在日常的工作中把外力自觉化为内力。

没有考核的管理是无效的管理。为此，要加强干部作风督察，促进干部认真履职尽责，全身心投入日常安全工作的监督和视察；发现问题要敢于追究有关人员的责任，做到考核公开透明，以严格管理确保高铁主要行车工种岗位人员把安全意识刻印脑中，熟记于心。

因此，要想保证安全，彻底消除安全隐患，必须建立健全长效机制，不能浅尝辄止，要将工作的落脚点放到抓落实、求实效上，把重点放到立足现实、着眼长远上，以咬定青山不放松、不达目的誓不罢休的精神，将安全管理工作一抓到底，使每一个铁路人对安全心有敬畏、行有禁区，从"要我安全"向"我要安全"转变，切实增强安全责任意识。

【案例】

廖天瑞，广州动车段三亚动车运用所所长。2015 年，他获得了火车头奖章、广铁集团"安全十大功臣"等荣誉。该动车所连续三年被中国铁路总公司评为全路标准化动车所；连续三年实现三亚动车运用所"零责任动车组列车故障""零救援""零事故"的目标，为琼岛高铁筑起了一道坚实的安全屏障。图 7-11 为廖天瑞进行标准化检查。

174

三亚动车运用所位于海南省三亚市，是我国最南端的动车运用所，负责动车组的运用和维护工作。5年前廖天瑞从广州调到这个动车运用所任所长。动车安全无小事，如何确保把安全隐患消除在检修过程中？廖天瑞提出，修订完善岗位作业指导书，严格按照作业指导书作业，以作业标准化全面提升检修质量。廖天瑞带领技术人员按照上级要求，跟班写实，编制了符合各岗位实际

图7-11　廖天瑞进行标准化检查

的作业指导书，明确了各岗位的工作程序、工作流程、工作标准，并将作业指导书作为职工日常学习的主要内容和工作考核的主要依据，促使职工把落实作业指导书的要求和标准变为日常工作的习惯。

2013年10月的一天，随车机械师向廖天瑞报告在运行中发现CRH$_1$A型1097号动车组列车8号车厢的制动车钩发生异响。动车组列车入库后，廖天瑞当即组织车间技术人员开展攻关，发现是减震支座润滑不够造成的。大家都以为加点油润滑后就可以了，但廖天瑞却要求他们把制动车钩的润滑和检查纳入专项维修，写入作业指导书，从根子上杜绝类似问题的发生。

为确保第一时间检查发现动车组螺栓松动隐患，广州动车段要求，对已检修的每列动车组的几万颗螺丝进行定位防松标识，当列车再次入库检修时，观察标识的油漆位置，以便及时发现螺栓是否松动，防止出现安全漏项。

廖天瑞在上级要求的基础上，进一步细化了防松标记在螺栓上的位置、粗细，确保清晰规范；绝不简化要求，确保每个螺栓都做标记，不留下任何隐患；将防松标记纳入专项维修，定期对标记进行清洁，防止灰尘遮盖标记；对脱落的标记重新补画，防止漏项。这些更加精细的作业标准和要求，从源头上卡住了螺栓的松脱。

海南省四周环海，空气潮湿，常年气温较高。这对动车组维修提出了更高的要求。在故障统计中，廖天瑞发现动车组边门故障较多。

他进行了深入分析研究后认为，由于空气潮湿，边门解锁电机和脚踏机械部位容易受潮生锈导致故障。廖天瑞和他的团队提出，给这些电机加再载防水防潮保护罩，并强化对脚踏机械部位的清洁和润滑工作。通过采取这些措施，动车组边门故障再也没有发生过。

针对春季沿海一带湿度大、大雾天气多的特点，廖天瑞提出将周期为6天的车顶高压瓷瓶清洁作业缩短为每2天一次。针对夏季海南省气温高、空调负荷大的特点，他又摸索改进空调维修保养方式。每年暑运前，他组织开展动车组空调系统整治，重点清洁空调冷凝器、蒸发器，疏通排水管路，测量和调整空调高低压力值及新风回风温度等，确保每一台空调功能良好。"我的工作目标就是确保实现动车组列车零故障。"廖天瑞就是这样带领着团队，一丝不苟，不断总结经验，探索运用更新的技术、更高的标准来检修动车组列车，确保了海南东环高铁动车组列车高品质运营。

七、从严抓好制度落实，安全检查常态化

各级管理人员要严格落实工作制度，加大日常检查力度，督促职工切实落实标准化作业程序，增强安全意识，确保安全生产稳定。

保证高铁运输安全，除了要求每一个高铁主要行车工种岗位人员严格执行作业标准习惯化之外，组织层面还要坚持安全检查常态化。高铁每年都会开展许多安全大检查活动，譬如春运前安全大检查、换季设备安全大检查等，安全大检查是确保高铁安全的有效措施，通过多种多样的检查方式，全面梳理排查安全隐患和问题，将隐患消灭在萌芽状态，确保高铁运输的安全。

其他检查、整治内容包括：① 是否建立了安全管理制度和办法，尤其安全检查制度是否健全完善；② 车间、科室安全工作是否有专人负责，职责和权利是否明确；③ 是否按照要求定期开展了安全检查，并建立了设备设施的定期检查检验制度；④ 技术措施和管理制度是否导向安全，是否得到有效执行；⑤ 现场作业安全卡控制度是否健全和有效执行等。

在高铁职工日常工作中，各类安全检查应接不暇。有的往往是在

开展安全检查之前先下通知，提出检查要求、规定检查内容、明确检查行程、通知受检单位，导致成了"预约式"安全检查，走过场图形式，最后是"你好我好大家好"，失去了安全检查的真正目的和意义，削弱了高铁主要行车工种岗位人员对安全意识的重视程度。安全检查实行常态管理是为了进一步加强安全工作，让高铁主要行车工种岗位人员在平常工作中就以安全检查标准把工作做好、做实、做细，时时刻刻保持安全意识，让安全检查常态化，同时有的放矢地进行突击检查，这样才能确保安全检查数据的真实性、效果明显性，并强化高铁主要行车工种岗位人员的安全意识。

参 考 文 献

[1] 北京交通大学轨道交通行车关键岗位人员职业适应性研究中心. 铁路职工心理健康管理手册 [M]. 北京：北京交通大学出版社，2016.

[2] 曹书平. 对安全意识的探讨 [J]. 中国安全科学学报，1997（4）：7–11.

[3] 曾庆龄. 铁路职工心理健康手册 [M]. 北京：中国铁道出版社，2013.

[4] 陈明莉. 机车乘务员的心理素质与高速铁路行车安全 [J]. 科技资讯，2007（4）：183.

[5] 袁学玲，喻业伟，周桂凤，等. 高速铁路机车乘务员心理健康状况调查 [J]. 中华疾病控制杂志，2014，18（5）：447–449.

[6] 李元韬，曹志宇. 基于层次分析法的铁路职工安全心理评价模型研究 [J]. 铁道运输与经济，2014，36（8）：78–82.

[7] 周海姣. 铁路机车司机的心理负荷问题研究 [D]. 北京：北京交通大学，2014.

[8] 迈尔斯. 社会心理学 [M]. 11 版. 北京：人民邮电出版社，2016.

[9] 格里格，津巴多. 心理学与生活 [M]. 19 版. 北京：人民邮电出版社，2014.

[10] 靳莎，孙敬磊. 铁路机车乘务员心理健康状况及其影响因素分析 [J]. 中国健康教育，2016，32（6）：526–529.

[11] 郭名，叶龙，焦峰. 基于胜任素质的高速铁路司机职业安全评价体系研究 [J]. 北京交通大学学报（社会科学版），2010，9（1）：59–64.

[12] 李红红. 如何维护铁路职工的心理健康 [J]. 企业改革与管理，2016（13）：97–97.

[13] 王波，何世伟，焦文根，等. 铁路车务系统安全心理和行为模式的探讨 [J]. 铁道运输与经济，2016，38（1）：63–67.

[14] 牧诚. 西点军校心理素质课 [M]. 北京：中国法制出版社，2015.

[15] 宁维卫，董洁，王雅静，等. 铁路交通一线员工安全心理素质评估初探 [J].

西南交通大学学报（社会科学版），2015，16（2）：60–66.

[16] 裴小贝，陈青萍. 铁路员工工作压力源与心理健康的实证研究 [J]. 中国健康心理学杂志，2012，20（11）：1665–1667.

[17] 舒剑秋. 完善铁路安全管理机制的探讨 [J]. 铁道运输与经济，2009，31（4）：50–52.

[18] 史磊. 铁路行车中铁路职工安全心理健康教育重要性研究 [J]. 现代企业文化，2013（5）：111–112.

[19] 罗宾斯，贾奇. 组织行为学 [M]. 16 版. 北京：中国人民大学出版社，2016.

[20] 孙晨哲. 铁路司机心理素质结构模型初探 [J]. 郑州铁路职业技术学院学报，2016，28（3）：90–93.

[21] 孙大强. 幸福心理学：多维视角的探索与巡礼 [M]. 北京：世界图书出版公司，2015.

[22] 吴晓君. 铁路职工心理压力状态研究 [J]. 理论学习与探索，2016（1）：73–74.

[23] 邢邦志. 心理素质的养成与训练 [M]. 上海：复旦大学出版社，2002.

[24] 颜立禧. 火车司机职业倦怠对心理健康影响的前瞻性队列研究 [D]. 昆明：昆明医科大学，2016.

[25] 杨秀君. 心理素质训练 [M]. 上海：上海交通大学出版社，2010.

[26] 《铁路安全心理与风险控制》编委会. 铁路安全心理与风险控制 [M]. 四川：西南交通大学出版社，2014.

[27] 叶林菊. 心理素质的养成与能力训练 [M]. 天津：南开大学出版社，2010.

[28] 叶龙，郭名，王蕊，褚福磊. 基于胜任素质的轨道交通司机安全性评价与管理研究 [M]. 北京：北京交通大学出版社，2016.

[29] 叶素贞，曾振华. 情绪管理与心理健康 [M]. 北京：北京大学出版社，2007.

[30] 衣新发，侯宁，蔡曙山，等. 铁路机车司机的心理资本和心理健康 [J]. 北京交通大学学报（社会科学版），2011（4）：53–57.

[31] 衣新发，刘钰，廖江群，等. 铁路员工心理健康状况的横断历史研究：1988–2009 [J]. 北京交通大学学报（社会科学版），2010，09（3）：47–53.

［32］袁学玲. 高速铁路机车乘务员的工作环境及健康状况的研究［D］. 长沙：湖南师范大学，2014.

［33］《铁路员工心理健康读本》编委会. 铁路员工心理健康读本［M］. 北京：中国铁道出版社，2012.

［34］徐友良，陈梁，郎茂祥. 高速铁路行车人因可靠性评价研究［J］. 铁道运输与经济，2017，39（11）：87–91.

［35］张颖梅. 加强职工心理健康与铁路安全管理［J］. 现代企业，2013（2）：22–23.

［36］赵森. 铁路乘务员工作压力、职业倦怠与心理健康的关系［D］. 开封：河南大学，2016.

［37］陈蓉，段迎霞. 郑州铁路局列车乘务员心理健康状况调查［J］. 中国医药导报，2006，3（21）：137.

［38］赵亚莉. 铁路职工心理健康与自我疏导［J］. 铁路节能环保与安全卫生，2015（3）：140–142.

［39］郑莉君. 现代健康心理学［M］. 北京：北京师范大学出版社，2013.

［40］郑培军，杜正梅. 从安全意识到行为习惯的培养［M］. 北京：企业管理出版社，2014.

［41］卡耐基. 卡耐基人际交往心理学［M］. 北京：中国国际广播出版社，2017.

［42］周宏. 动车组司机作业时间对职业心理素质影响研究［D］. 北京：北京交通大学，2010.

［43］朱敬先. 健康心理学：心理卫生［M］. 北京：教育科学出版社，2002.

［44］徐文. 心理学与沟通技巧［M］. 哈尔滨：北方文艺出版社，2016.

［45］朱惜勤. 基于心理健康研究的动车组司机安全管理［D］. 北京：北京交通大学，2014.